El UNIVERSO en una CÁSCARA de NUEZ

DRAKONTOS

Director:
JOSÉ MANUEL SÁNCHEZ RON

El UNIVERSO en una CÁSCARA de NUEZ

Stephen Hawking

Traducción castellana de
David Jou

CRÍTICA
BARCELONA

Primera edición: marzo de 2002
Tercera impresión en esta nueva presentación: septiembre de 2025

El universo en una cáscara de nuez
Stephen Hawking

Título original: *The Universe in a Nutshell*

Traducción de David Jou

Av. Diagonal, 662-664, 08034 Barcelona (España)
Crítica es un sello editorial de Editorial Planeta, S. A.

editorial@ed-critica.es
www.ed-critica.es

ISBN: 978-84-9199-713-9
Depósito legal: B. 22.746-2024
Impresión y encuadernación: Arteos Digital
Printed in Spain - Impreso en España

PEFC Certificado
Este libro procede de bosques gestionados de forma sostenible
PEFC
PEFC/14-38-00305
www.pefc.es

Índice

Stephen Hawking en 2001,
© Stewart Cohen

Prefacio

No había esperado que mi libro de divulgación, *Historia del tiempo*, tuviera tanto éxito. Se mantuvo durante cuatro años en la lista de superventas del *London Sunday Times*, un período más largo que cualquier otro libro, lo cual resulta especialmente notable para una obra científica que no era fácil. Desde entonces, la gente me estuvo preguntando cuándo escribiría una continuación. Me resistía a ello porque no quería escribir un «Hijo de la historia del tiempo», o una «Historia del tiempo ampliada», y porque estaba ocupado con la investigación. Pero fui advirtiendo que quedaba espacio para un tipo diferente de libro que podría resultar más fácilmente comprensible. La *Historia del tiempo* estaba organizada de manera lineal, de forma que la mayoría de los capítulos continuaba y dependía lógicamente de los anteriores. Esto resultaba atractivo para algunos lectores, pero otros quedaron encallados en los primeros capítulos y nunca llegaron al material posterior, mucho más excitante. En cambio, el presente libro se parece a un árbol: los capítulos 1 y 2 forman un tronco central del cual se ramifican todos los demás.

La ramas son bastante independientes entre sí y pueden ser abordadas en cualquier orden tras haber leído el tronco central. Corresponden a áreas en que he trabajado o reflexionado desde la publicación de la *Historia del tiempo*. Por ello, presentan una imagen de algunos de los campos más activos de la investigación actual. También he intentado evitar una estructura demasiado lineal en el contenido de cada capítulo. Las ilustraciones y los textos al pie de ellas proporcionan una ruta alternativa al texto, tal como en la *Historia del tiempo ilustrada*, publicada en 1996; y los recuadros al margen ofrecen la oportunidad de profundizar en algunos temas con mayor detalle del que habría sido posible en el texto principal.

En 1988, cuando fue publicada por primera vez la *Historia del tiempo*, la Teoría de Todo definitiva parecía estar en el horizonte. ¿Cómo ha cambiado la situación? ¿Nos hallamos más cerca de nuestro objetivo? Como veremos en este libro, hemos avanzado mucho desde entonces, pero aún queda mucho camino por recorrer y aún no podemos avistar su fin. Según un viejo refrán, es mejor viajar con esperanza que llegar. El afán por descubrir alimenta la creatividad en todos los campos, no sólo en la ciencia. Si llegáramos a la meta, el espíritu humano se marchitaría y moriría. Pero no creo que nunca nos lleguemos a detener: creceremos en complejidad, si no en profundidad, y siempre nos hallaremos en el centro de un horizonte de posibilidades en expansión.

Quiero compartir mi excitación por los descubrimientos que se están realizando y por la imagen de la realidad que va emergiendo de ellos. Me he concentrado en áreas en que yo mismo he trabajado, para poder transmitir una mayor sensación de inmediatez. Los detalles del trabajo han sido muy técnicos, pero creo que las ideas generales pueden ser comunicadas sin excesivo bagaje matemático. Espero haberlo conseguido.

He contado con muchas ayudas al escribir este libro. Debo mencionar, en particular, a Thomas Hertog y Neel Shearer, por su auxilio en las figuras, pies de figura y recuadros; a Ann Harris y Kitty Ferguson, que editaron el manuscrito (o, con más precisión, los archivos de ordenador, ya que todo lo que escribo es electrónico), y a Philip Dunn del Book Laboratory and Moonrunner Design, que elaboró las ilustraciones. Pero, sobre todo, quiero manifestar mi agradecimiento a todos los que han hecho posible que pueda llevar una vida bastante normal y realizar una investigación científica. Sin ellos, este libro no habría podido ser escrito.

STEPHEN HAWKING
Cambridge, 2 de mayo de 2001

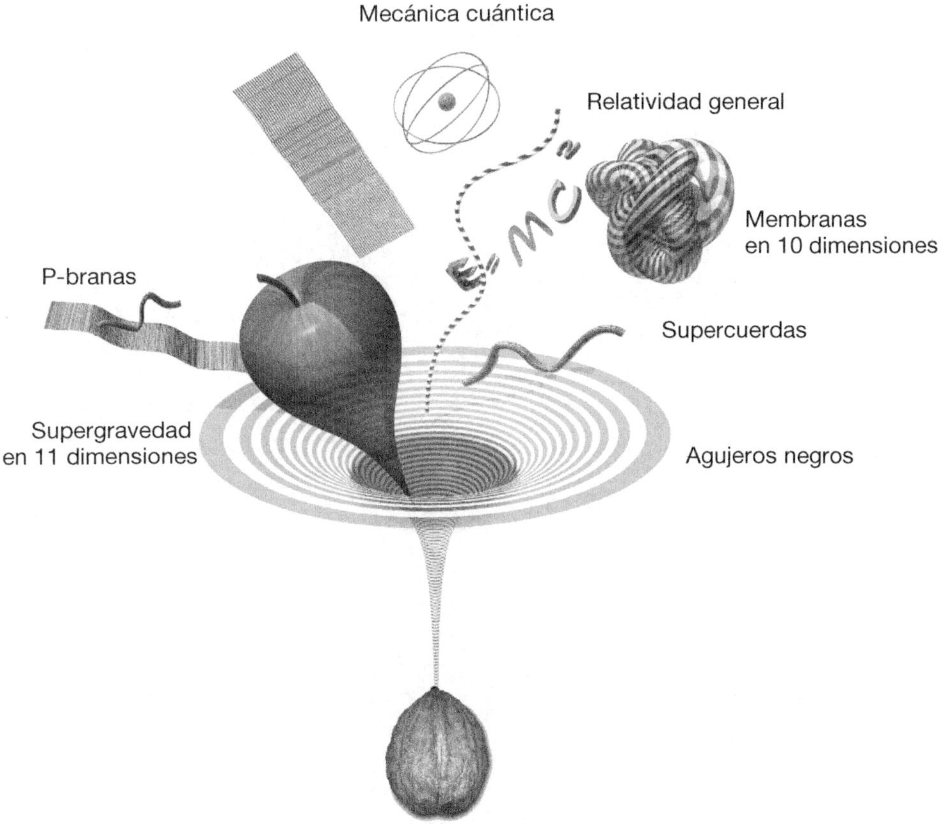
Mecánica cuántica
Relatividad general
E=MC²
Membranas
en 10 dimensiones
P-branas
Supercuerdas
Supergravedad
en 11 dimensiones
Agujeros negros

1

Breve historia de la relatividad

Cómo Einstein formuló las bases de las dos teorías fundamentales del siglo XX: la relatividad general y la teoría cuántica

Albert Einstein™

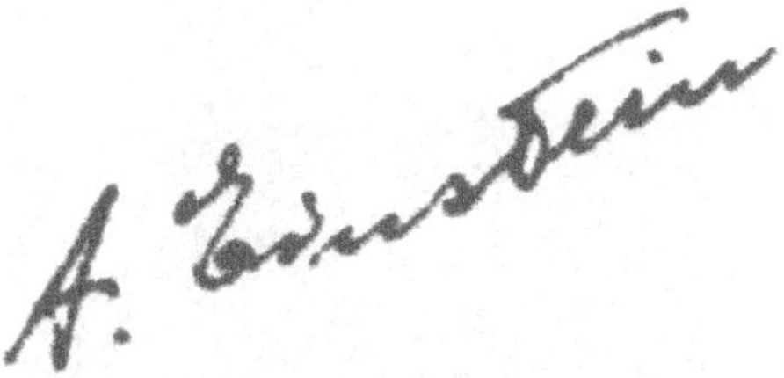

Albert Einstein, el descubridor de las teorías especial y general de la relatividad, nació en Ulm (Alemania), en 1879, pero al año siguiente la familia se desplazó a Múnich, donde su padre, Hermann, y su tío, Jakob, establecieron un pequeño y no demasiado próspero negocio de electricidad. Albert no fue un niño prodigio, pero las afirmaciones de que sacaba muy malas notas escolares parecen ser una exageración. En 1894, el negocio paterno quebró y la familia se trasladó a Milán. Sus padres decidieron que debería quedarse para terminar el curso escolar, pero Albert odiaba el autoritarismo de su escuela y, al cabo de pocos meses, la dejó para reunirse con su familia en Italia. Posteriormente completó su educación en Zúrich, donde se graduó en la prestigiosa Escuela Politécnica Federal, conocida como ETH, en 1900. Su talante discutidor y su aversión a la autoridad le impidieron ser demasiado apreciado por los profesores de la ETH y ninguno de ellos le ofreció un puesto de asistente, que era la vía normal para empezar una carrera académica. Dos años después, consiguió un puesto de trabajo en la oficina suiza de patentes en Berna. Fue mientras ocupaba este puesto que, en 1905, escribió tres artículos que le establecieron como uno de los principales científicos del mundo e inició dos revoluciones conceptuales —revoluciones que cambiaron nuestra comprensión del tiempo, del espacio y de la propia realidad.

Hacia finales del siglo XIX, los científicos creían hallarse próximos a una descripción completa de la naturaleza. Ima-

Albert Einstein en 1920,
Albert Einstein™

ginaban que el espacio estaba lleno de un medio continuo denominado el «éter». Los rayos de luz y las señales de radio eran ondas en este éter, al igual que el sonido consiste en ondas de presión en el aire. Todo lo que faltaba para una teoría completa eran mediciones cuidadosas de las propiedades elásticas del éter. De hecho, avanzándose a tales mediciones, el laboratorio Jefferson de la Universidad de Harvard fue construido sin ningún clavo de hierro, para no interferir con las delicadas mediciones magnéticas. Sin embargo, los diseñadores olvidaron que los ladrillos rojizos con que están construidos el laboratorio y la mayoría de los edificios de Harvard contienen grandes cantidades de hierro. El edificio todavía se utiliza en la actualidad, aunque en Harvard no están aún muy seguros de cuánto peso puede sostener el piso de una biblioteca sin clavos de hierro que lo sostengan.

Hacia finales del siglo, empezaron a aparecer discrepancias con la idea de un éter que lo llenara todo. Se creía que la luz se propagaría por el éter con una velocidad fija, pero que si un observador viajaba por el éter en la misma dirección que la luz, la velocidad de ésta le parecería menor, y si viajaba en dirección opuesta a la de la luz, su velocidad le parecería mayor (Fig. 1.1).

Sin embargo, una serie de experimentos no consiguió confirmar esta idea. Los experimentos más cuidadosos y precisos fueron los realizados por Albert Michelson y Edward Morley

Fig. 1.1. TEORÍA DEL ÉTER FIJO
Si la luz fuera una onda en un material elástico llamado «éter», *su velocidad debería parecer mayor a un observador en una nave espacial que se desplazara hacia la luz* (a), *y menor a un observador que viajara en la misma dirección que la luz* (b).

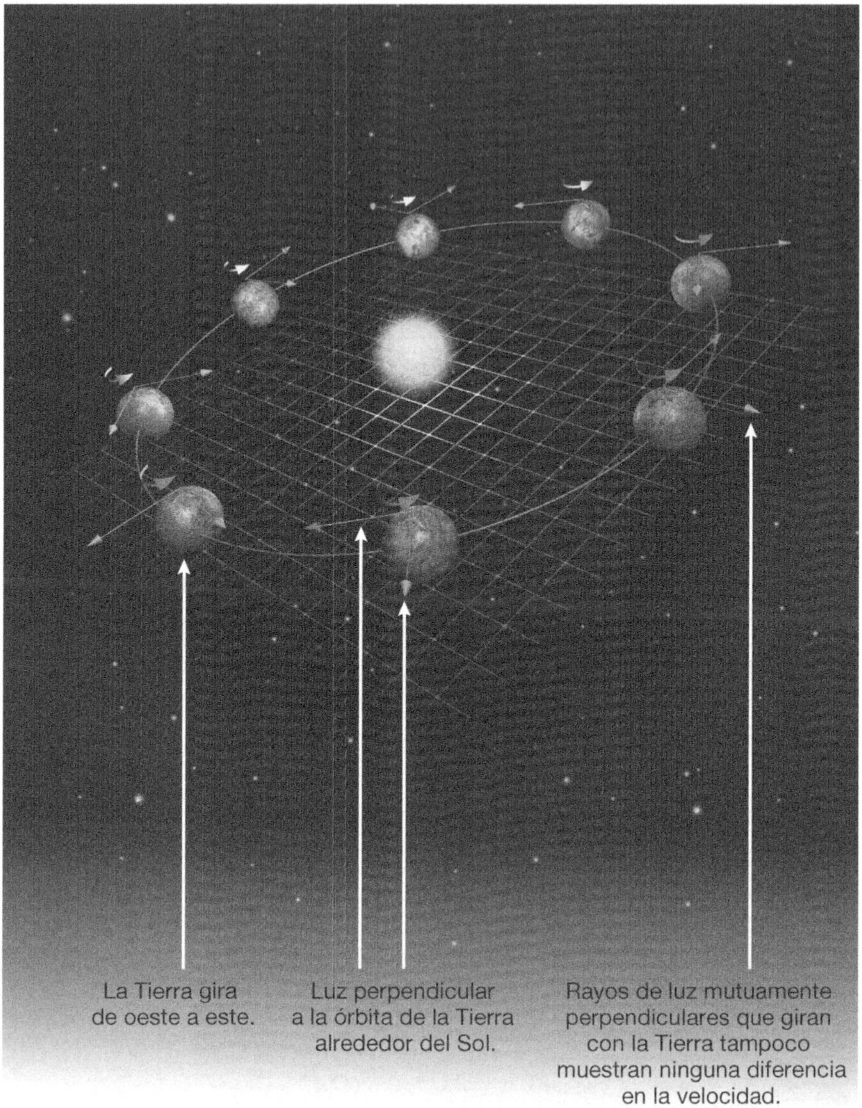

Fig. 1.2. No se halló ninguna diferencia entre la velocidad de la luz en la dirección de la órbita de la Tierra y en la dirección perpendicular a la misma.

en la Case School of Applied Science, en Cleveland (Ohio), en 1887, en que compararon la velocidad de la luz de dos rayos mutuamente perpendiculares. Cuando la Tierra gira sobre su eje y alrededor del Sol, el aparato se desplaza por el éter con

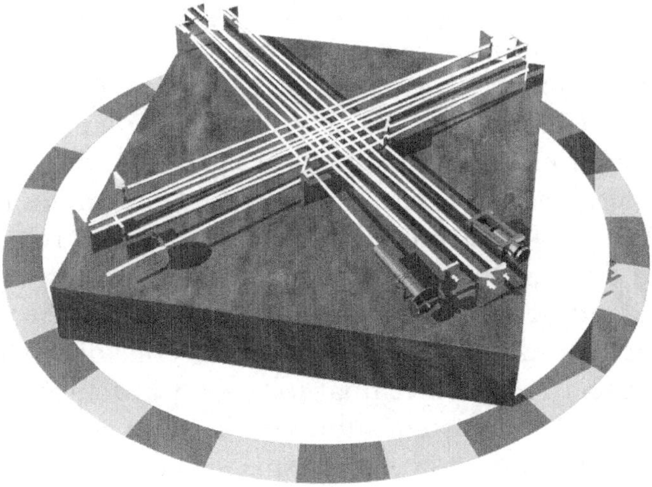

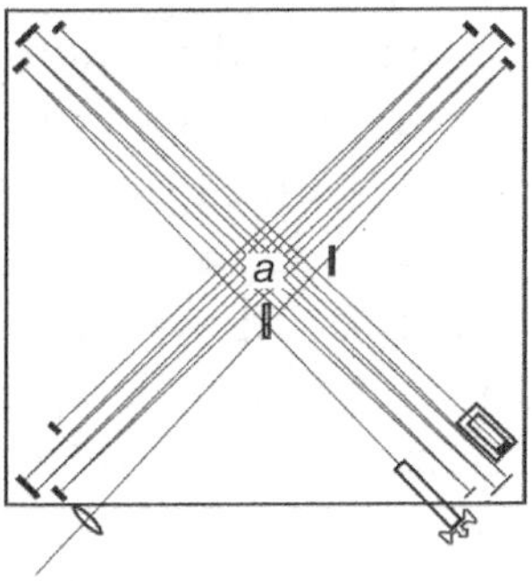

Fig. 1.3. MIDIENDO LA VELOCIDAD DE LA LUZ
En el interferómetro de Michelson-Morley, la luz de una fuente es bifurcada en dos rayos mediante un espejo semiplateado (a). *Ambos rayos se desplazan en direcciones perpendiculares y, a continuación, se combinan en un solo rayo haciéndolos incidir de nuevo en el espejo semiplateado. Una diferencia en la velocidad de la luz en ambas direcciones significaría que las crestas de la onda de un rayo podrían llegar al mismo tiempo que los valles de la onda del otro y cancelarse mutuamente.*

Abajo: *Diagrama del experimento, reconstruido a partir del que apareció en el* Scientific American *en 1887.*

rapidez y dirección variables (Fig. 1.2). Pero Michelson y Morley no observaron diferencias diarias ni anuales entre las velocidades de ambos rayos de luz. Era como si ésta viajara siempre con la misma velocidad con respecto al observador, fuera cual fuera la rapidez y la dirección en que éste se estuviera moviendo (Fig. 1.3, véase la página 19).

Basándose en el experimento de Michelson-Morley, el físico irlandés George FitzGerald y el físico holandés Hendrik Lorentz sugirieron que los cuerpos que se desplazan por el éter se contraerían y el ritmo de sus relojes disminuiría. Esta contracción y esta disminución del ritmo de los relojes sería tal que todos los observadores medirían la misma velocidad de la luz, independientemente de su movimiento respecto al éter. (FitzGerald y Lorentz todavía lo consideraban como una sustancia real.) Sin embargo, en un artículo publicado en junio de 1905, Einstein subrayó que si no podemos detectar si nos movemos o no en el espacio, la noción de un éter resulta redundante. En su lugar, formuló el postulado de que las leyes de la ciencia deberían parecer las mismas a todos los observadores que se movieran libremente. En particular, todos deberían medir la misma velocidad de la luz, independientemente de la velocidad con que se estuvieran moviendo. La velocidad de la luz es independiente del movimiento del observador y tiene el mismo valor en todas direcciones.

Ello exigió abandonar la idea de que hay una magnitud universal, llamada «tiempo», que todos los relojes pueden medir. Por el contrario, cada observador tendría su propio tiempo personal. Los tiempos de dos personas coincidirían si ambas estuvieran en reposo la una respecto a la otra, pero no si estuvieran desplazándose la una con relación a la otra.

Esto ha sido confirmado por numerosos experimentos, en uno de los cuales se hizo volar alrededor de la Tierra y en sentidos opuestos dos relojes muy precisos que, al regresar, indicaron tiempos ligerísimamente diferentes (Fig. 1.4). Ello podría sugerir que, si quisiéramos vivir más tiempo, deberíamos mantenernos volando hacia el este, de manera que la velocidad del avión se sumara a la de la rotación terrestre. Sin embargo, la pequeña fracción de segundo que ganaríamos así, la perderíamos de sobra por culpa de la alimentación servida en los aviones.

El postulado de Einstein de que las leyes de la naturaleza deberían tener el mismo aspecto para todos los observadores que se movieran libremente constituyó la base de la teoría de la relatividad, llamada así porque suponía que sólo importa el movimiento relativo. Su belleza y simplicidad cautivaron a muchos pensadores, pero también suscitó mucha oposición. Einstein había destronado dos de los absolutos de la ciencia del siglo XIX: el reposo absoluto, representado por el éter, y el tiempo absoluto o universal que todos los relojes deberían medir. A mucha gente esta idea le resultó inquietante. Se preguntaban si implicaba que *todo* era relativo, que no había reglas morales absolutas. Esta desazón perduró a lo largo de las décadas de 1920 y 1930. Cuando Einstein fue galardonado con el premio Nobel de física en 1921, la citación se refirió a trabajos importantes, pero comparativamente menores (respecto a otras de sus aportaciones), también desarrollados en 1905.

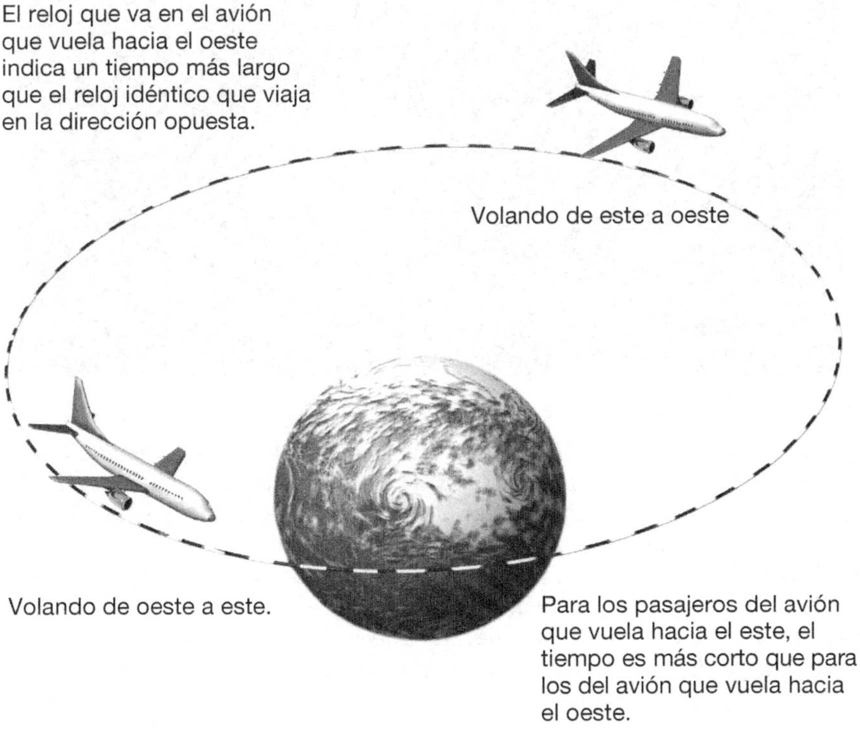

Fig. 1.4. Una versión de la paradoja de los gemelos (Fig. 1.5, véase la página 22) ha sido sometida a prueba experimentalmente haciendo volar dos relojes muy precisos en sentidos opuestos alrededor del mundo. Cuando se volvieron a encontrar, el reloj que había viajado hacia el este indicaba un tiempo ligeramente más corto.

Fig. 1.5. PARADOJA DE LOS GEMELOS
En la teoría de la relatividad, cada observador tiene su propia medida del tiempo. Ello puede conducir a la llamada «paradoja de los gemelos». Uno de los gemelos (a) *parte a un viaje espacial durante el cual se desplaza con una velocidad próxima a la de la luz* (c), *en tanto que su hermano* (b) *se queda en la Tierra. Debido a su movimiento, el tiempo transcurre más lentamente en la nave espacial que para el gemelo que permanece en la Tierra. Por ello, a su regreso, el viajero espacial* (a2) *constata que su hermano* (b2) *es más viejo que él. Aunque ello parece desafiar el sentido común, diversos experimentos han corroborado que, efectivamente, el gemelo viajero permanecería más joven.*

No se hizo mención alguna a la relatividad, que era considerada demasiado controvertida. (Todavía recibo dos o tres cartas por semana contándome que Einstein estaba equivocado.) No obstante, la teoría de la relatividad es completamente acepta-

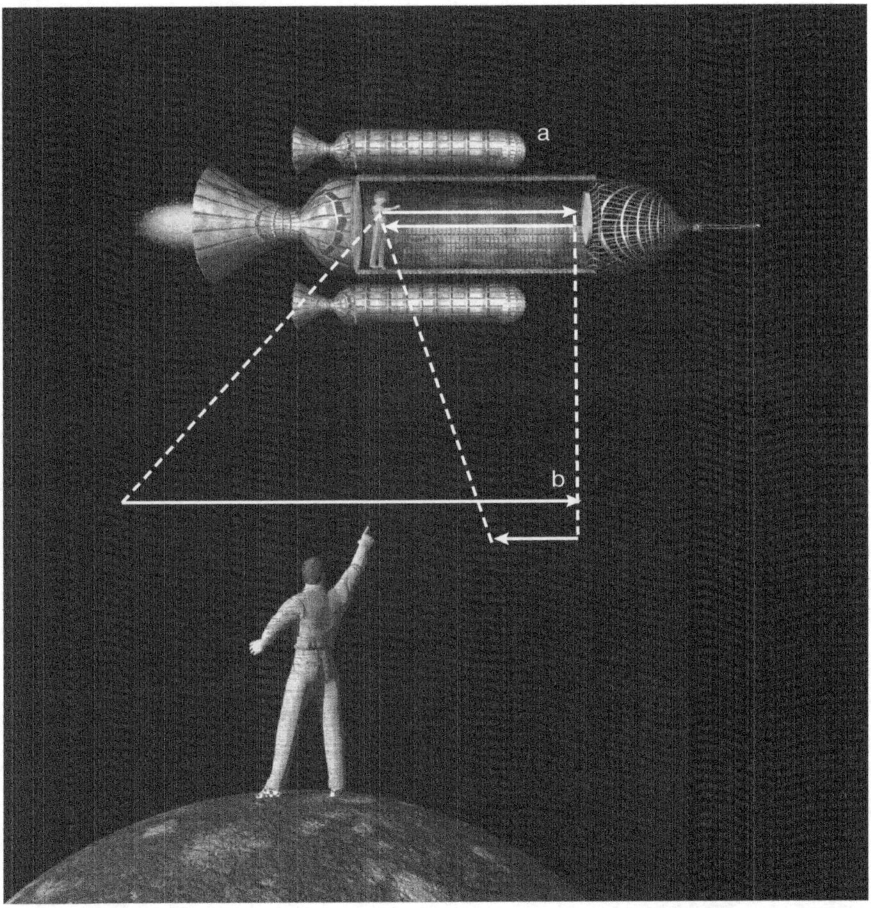

Fig. 1.6. Una nave espacial pasa cerca de la Tierra de izquierda a derecha con una velocidad igual a las cuatro quintas partes de la velocidad de la luz. En un extremo de la cabina se emite un pulso, que se refleja en el otro extremo (a).
La luz es observada por personas que se hallan en la Tierra y por otras que se encuentran en la nave. Debido al movimiento de ésta, no miden la misma distancia para el recorrido de la luz reflejada (b). *Por lo tanto, tampoco deben de estar de acuerdo en el tiempo que ha tardado la luz en su recorrido, ya que, según el postulado de Einstein, la velocidad de la luz es la misma para todos los observadores que se mueven libremente.*

da en la actualidad por la comunidad científica, y sus predicciones han sido verificadas en incontables aplicaciones.

Una consecuencia muy importante de la relatividad es la relación entre masa y energía. El postulado de Einstein de que la

Fig. 1.7

velocidad de la luz debe ser la misma para cualquier espectador implica que nada puede moverse con velocidad mayor que ella. Lo que ocurre es que si utilizamos energía para acelerar algo, sea una partícula o una nave espacial, su masa aumenta, lo cual hace más difícil seguirla acelerando. Acelerar una partícula hasta la velocidad de la luz sería imposible, porque exigiría una cantidad infinita de energía. La masa y la energía son equivalentes, tal como se resume en la famosa ecuación de Einstein $E = mc^2$ (Fig. 1.7). Es, probablemente, la única ecuación de la física reconocida en la calle. Entre sus consecuencias se cuenta el advertir que si un núcleo de uranio se fisiona en dos núcleos con una masa total ligeramente menor, liberará una tremenda cantidad de energía (véase la página 26, Fig. 1.8).

LA PROFÉTICA CARTA DE EINSTEIN
AL PRESIDENTE ROOSEVELT EN 1939

En el curso de los últimos cuatro meses se ha ido haciendo más y más probable —con los trabajos de Joliot en Francia y de Fermi y Szilard en América— que pueda conseguirse producir una reacción en cadena en una gran masa de uranio, mediante la cual se liberarían elevadísimas potencias y se generarían nuevos elementos parecidos al radio. Parece casi seguro que ello se podría lograr en un futuro próximo. Este nuevo fenómeno también podría conducir a la fabricación de bombas, y resulta, pues, concebible —aunque mucho menos seguro— que puedan construirse bombas de un nuevo tipo, extremadamente poderosas.

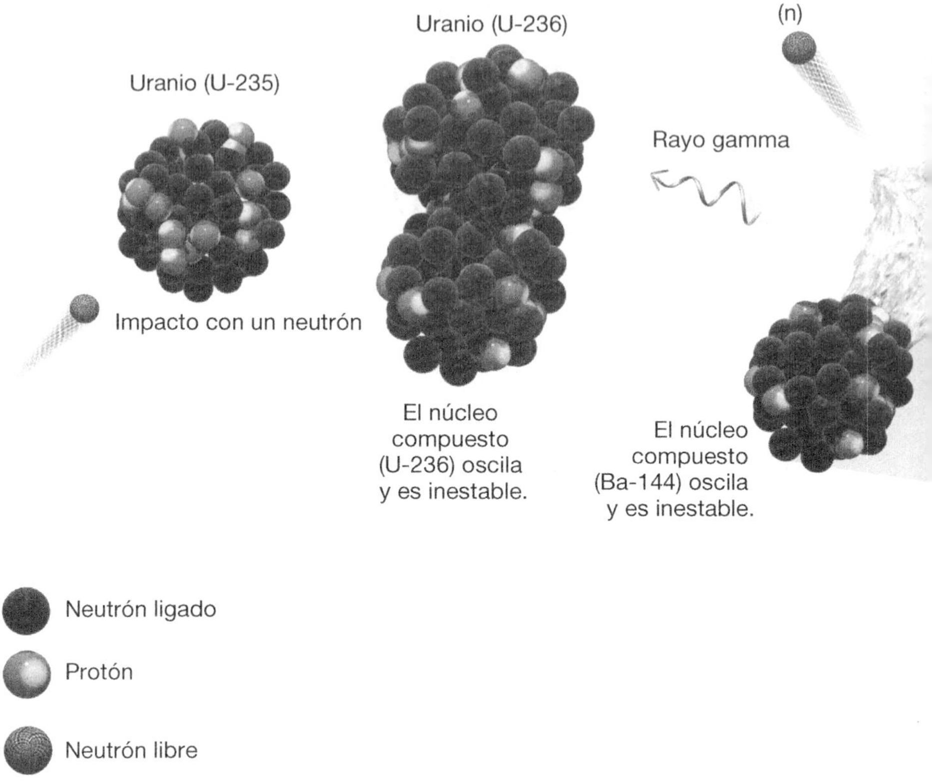

Fig. 1.8. ENERGÍA NUCLEAR DE ENLACE
Los núcleos están formados por protones y neutrones que se mantienen unidos por la fuerza nuclear fuerte. Pero la masa del núcleo siempre es menor que la suma de las masas individuales de los protones y neutrones que lo forman. La diferencia proporciona una medida de la energía nuclear de enlace que mantiene la cohesión de los núcleos. Esta energía de enlace puede ser calculada mediante la relación de Einstein energía nuclear de enlace = Δmc2, donde Δm es la diferencia entre la masa del núcleo y la suma de las masas de sus componentes. La liberación de esta energía potencial produce la devastadora potencia explosiva de las armas nucleares.

En 1939, cuando se empezaba a vislumbrar la perspectiva de otra guerra mundial, un grupo de científicos conscientes de estas implicaciones persuadieron a Einstein de que dejara a un lado sus escrúpulos pacifistas y apoyara con su autoridad una carta al presidente Roosevelt urgiendo a los Estados Unidos a emprender un programa de investigación nuclear.

Esto condujo al proyecto Manhattan y, en último término,

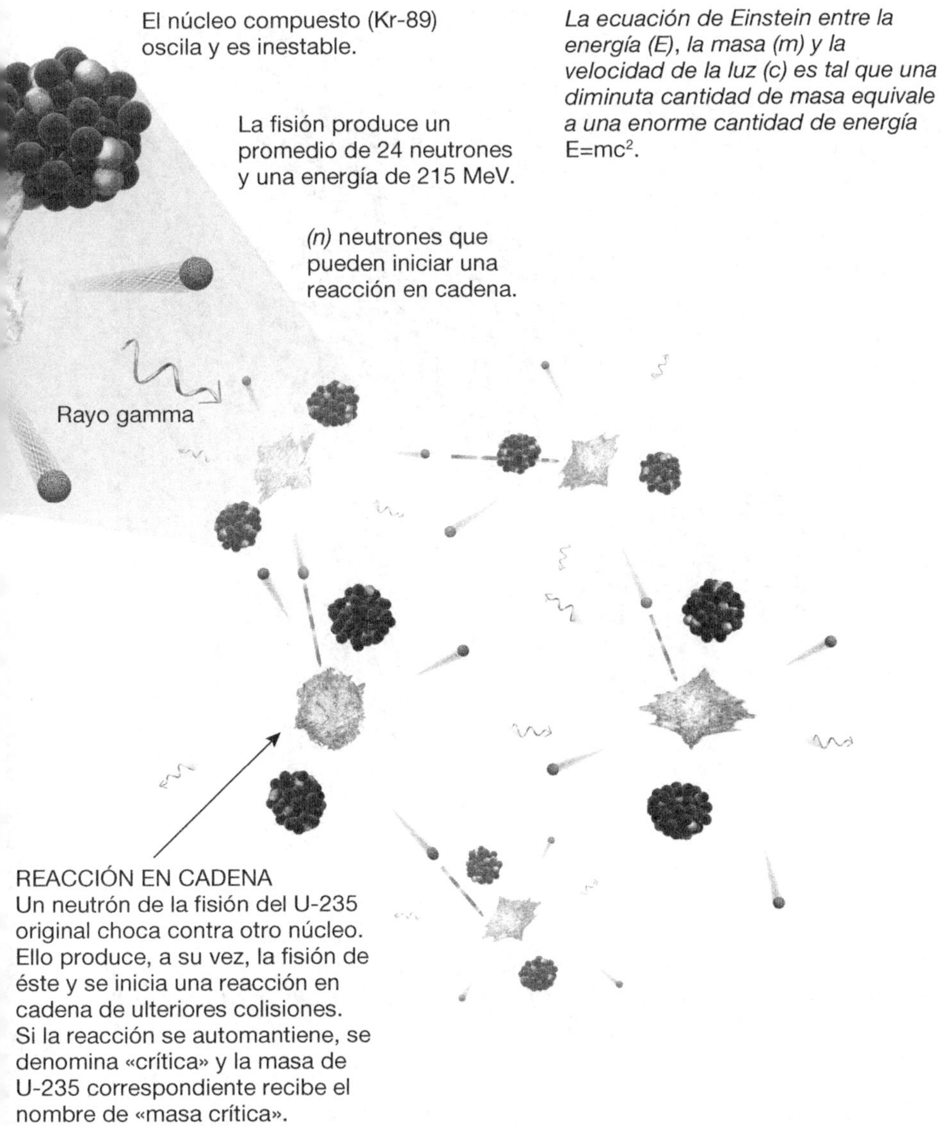

a las bombas que explotaron sobre Hiroshima y Nagasaki en 1945. Algunas personas han acusado a Einstein de la bomba porque descubrió la relación entre masa y energía; pero esto sería como acusar a Newton de los accidentes de aviación porque descubrió la gravedad. Einstein no participó en el proyecto Manhattan y quedó horrorizado por el lanzamiento de la bomba.

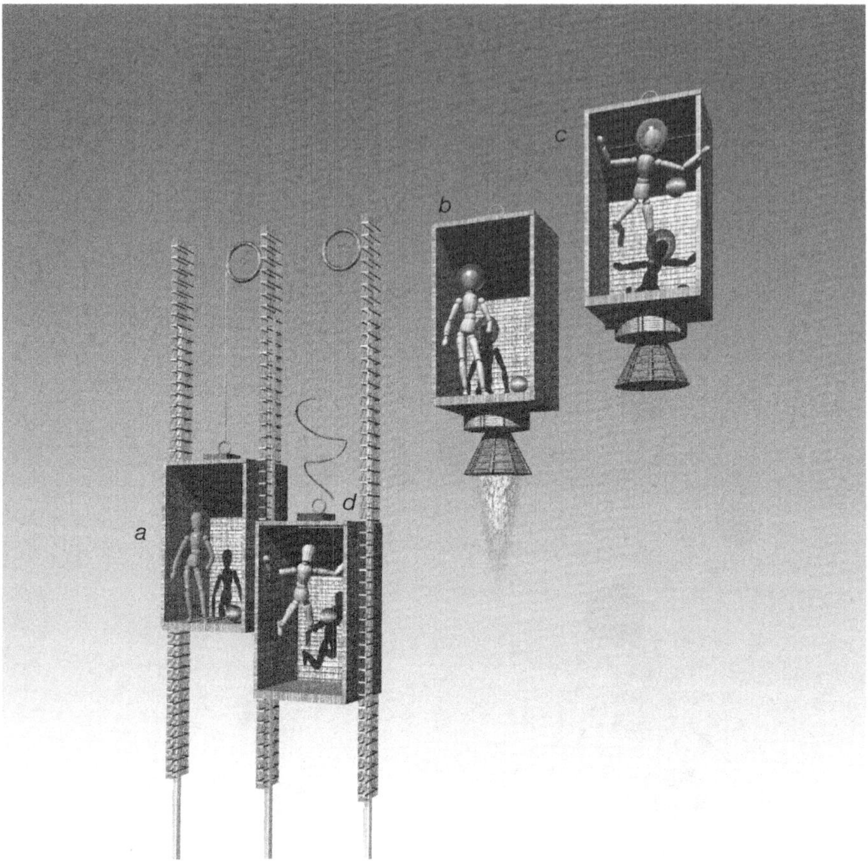

Fig. 1.9. Un observador en una caja cerrada no puede notar la diferencia entre estar en un ascensor parado en la Tierra (a) *o estar acelerado en un cohete en el espacio libre* (b).
Si se apaga el motor del cohete (c), *se siente como si el ascensor estuviera en caída libre* (d).

Con sus artículos revolucionarios de 1905, la reputación científica de Einstein quedó bien establecida, pero hasta 1909 no le fue ofrecido un puesto en la Universidad de Zúrich, que le permitió dejar la oficina suiza de patentes. Dos años después, se trasladó a la universidad alemana de Praga, pero regresó a Zúrich en 1912, esta vez a la ETH. A pesar de que el antisemitismo estaba muy extendido en gran parte de Europa, incluso en las universidades, él se había convertido en una figura académica muy apreciada. Le llegaron ofertas de Viena y de Utrecht,

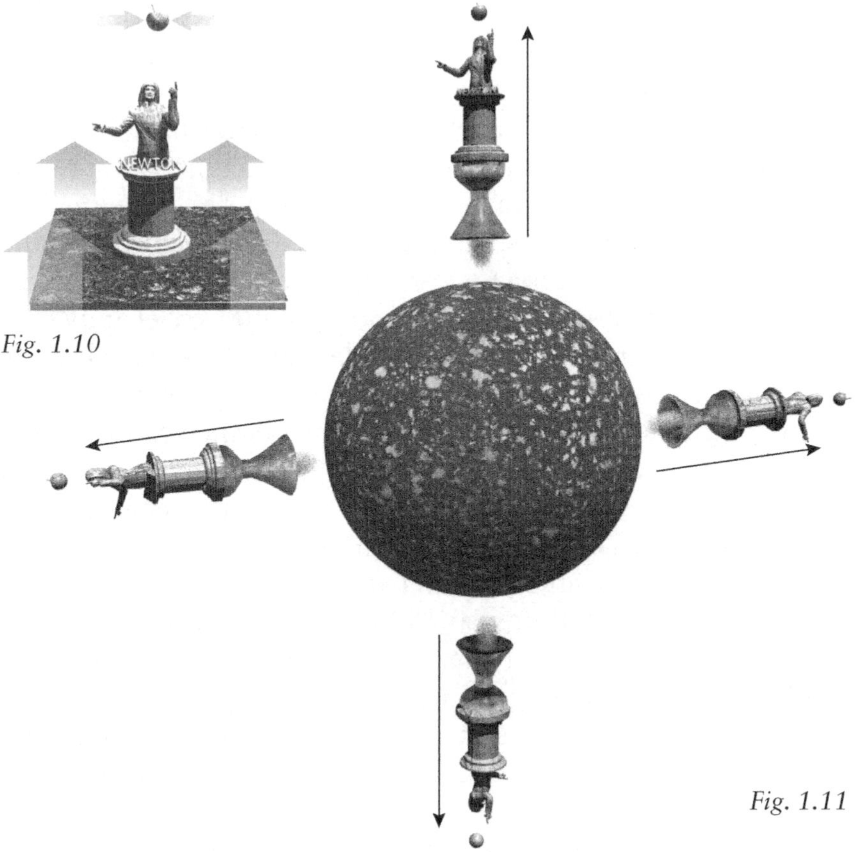

Fig. 1.10

Fig. 1.11

Si la Tierra fuera plana (Fig.1.10), tanto podríamos decir que la manzana cayó sobre Newton debido a la gravedad terrestre, como porque Newton y la Tierra se estaban acelerando hacia arriba. Esta equivalencia no vale en el caso de la Tierra esférica (Fig. 1.11) porque personas en las antípodas deberían estar acelerándose en sentidos opuestos y, al mismo tiempo, no deberían alejarse entre sí. Einstein superó esta dificultad haciendo que el espacio y el tiempo estuvieran curvados.

pero decidió aceptar una plaza de investigador en la Academia Prusiana de Ciencias en Berlín, porque le liberaba de las tareas docentes. Se desplazó a Berlín en abril de 1914 y poco después se reunieron con él su mujer y sus dos hijos. Sin embargo, el matrimonio no funcionaba demasiado bien, y su familia no tardó en regresar a Zúrich. Aunque les visitó en algunas ocasiones, Einstein y su mujer acabaron por divorciarse. Más tarde, Einstein se casó con su prima Elsa, que vivía en Berlín. El hecho de que pasara los años de guerra como un soltero, sin obligaciones domésticas, podría ser una de las razones por las cuales este período le resultó tan productivo científicamente.

Aunque la teoría de la relatividad encajaba muy bien con las leyes que gobiernan la electricidad y el magnetismo, no resultaba compatible con la teoría de Newton de la gravitación. De esta ley se sigue que si se modifica la distribución de materia en una región del espacio, el cambio del campo gravitatorio debería notarse inmediatamente por doquier en el universo. Ello no sólo significaría la posibilidad de enviar señales con velocidad mayor que la de la luz (lo cual está prohibido por la relatividad); para saber qué significa instantáneo también exigiría la existencia de un tiempo absoluto o universal, que la relatividad había abolido en favor de un tiempo personal.

Einstein ya era consciente de esta dificultad en 1907, cuando todavía estaba en la oficina de patentes de Berna, pero hasta que estuvo en Praga en 1911 no empezó a pensar seriamente en ella. Cayó en la cuenta de que hay una relación profunda entre aceleración y campo gravitatorio. Alguien que se hallara en el interior de una caja cerrada, como por ejemplo un ascensor, no podría decir si ésta estaba en reposo en el

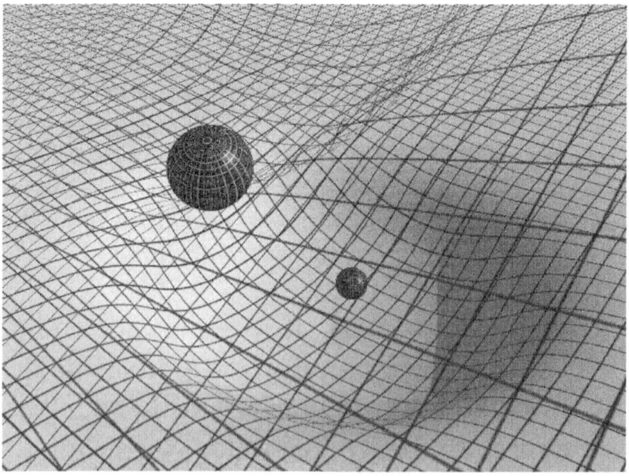

Fig. 1.12. EL ESPACIO-TIEMPO SE CURVA
La aceleración y la gravedad sólo pueden ser equivalentes si un cuerpo pesado deforma el espacio-tiempo, curvando así las trayectorias de los objetos en sus proximidades.

campo gravitatorio terrestre o si estaba siendo acelerada por un cohete en el espacio libre. (Naturalmente, esto pasaba antes de la época de *Star Trek*, por lo cual Einstein imaginó la gente en ascensores y no en naves espaciales.) Pero no podemos acelerar o caer libremente mucho tiempo en un ascensor sin que se produzca un desastre (Fig. 1.9).

Si la Tierra fuera plana, tanto podríamos decir que la manzana cayó sobre la cabeza de Newton debido a la gravedad o debido a que Newton y la superficie de la Tierra se estaban acelerando hacia arriba (Fig. 1.10). No obstante, esta equivalencia entre aceleración y gravedad no parecía funcionar para una Tierra esférica —ya que observadores que estuvieran en las antípodas deberían estar acelerándose en sentidos opuestos, pero permaneciendo a la vez a la misma distancia entre sí (Fig. 1.11).

Pero a su regreso a Zúrich en 1912, Einstein tuvo la idea genial de que esa equivalencia funcionaría si la geometría del espacio-tiempo fuera curva en lugar de plana, como se había supuesto hasta entonces. Su idea consistió en que la masa y la

energía deformarían el espacio-tiempo en una manera todavía por determinar. Los objetos como las manzanas o los planetas intentarían moverse en líneas rectas por el espacio-tiempo, pero sus trayectorias parecerían curvadas por un campo gravitatorio porque el espacio-tiempo es curvo (Fig. 1.12).

Con la ayuda de su amigo Marcel Grossmann, Einstein estudió la teoría de las superficies y los espacios curvados que había sido desarrollada anteriormente por Georg Friedrich Riemann como un trabajo de matemáticas abstractas; a Riemann ni se le había ocurrido que pudiera resultar relevante en el mundo real. En 1913, Einstein y Grossmann escribieron un artículo conjunto en que propusieron la idea de que lo que consideramos fuerzas gravitatorias son sólo una expresión del hecho de que el espacio-tiempo es curvo. Sin embargo, debido a un error de Einstein (que era muy humano y por lo tanto falible), no pudieron hallar las ecuaciones que relacionan la curvatura del espacio-tiempo con su contenido de masa y energía. Einstein siguió trabajando en el problema en Berlín, sin estorbos domésticos y casi sin ser afectado por la guerra, hasta que finalmente dio con las ecuaciones correctas en noviembre de 1915. Había hablado de sus ideas con el matemático David Hilbert durante una visita a la Universidad de Gotinga, en verano de 1915, y éste halló independientemente las mismas ecuaciones unos pocos días antes que Einstein. Sin embargo, como el mismo Hilbert admitió, el mérito de la nueva teoría correspondía por completo a Einstein, ya que suya había sido la idea de relacionar la gravedad con la deformación del espacio-tiempo. Es un tributo al estado civilizado de la Alemania de aquel tiempo que estas discusiones e intercambios científicos pudieran seguirse realizando casi sin estorbos incluso durante la guerra. Es un contraste muy acusado con la época nazi de veinte años más tarde.

La nueva teoría del espacio-tiempo curvado fue denominada «relatividad general», para distinguirla de la teoría original sin gravedad, que fue conocida desde entonces como relatividad especial. Fue confirmada de manera espectacular en 1919, cuando una expedición británica a África occidental observó durante un eclipse una ligera curvatura de la luz de una estrella al pasar cerca del Sol (Fig. 1.13). Ello constituía una evidencia directa de que el espacio y el tiempo son deformados, y provocó el mayor cambio en nuestra percepción del universo desde que Euclides escribió sus *Elementos de geometría* hacia 300 a. C.

En la teoría general de la relatividad de Einstein, el espacio y el tiempo pasaron a ser de un mero escenario pasivo en que se producen los acontecimientos a participantes activos en la dinámica del universo. Ello condujo a un gran problema que se ha mantenido en la frontera de la física durante el siglo XX. El universo está lleno de materia, y ésta deforma el espacio-tiempo de tal suerte que los cuerpos se atraen. Einstein halló que sus ecuaciones no admitían ninguna solución que describiera un universo estático, invariable en el tiempo. En vez de abandonar este universo perdurable, en que tanto él como la mayoría de la gente creían, trucó sus ecuaciones añadiéndoles un término denominado «constante cosmológica», que cur-

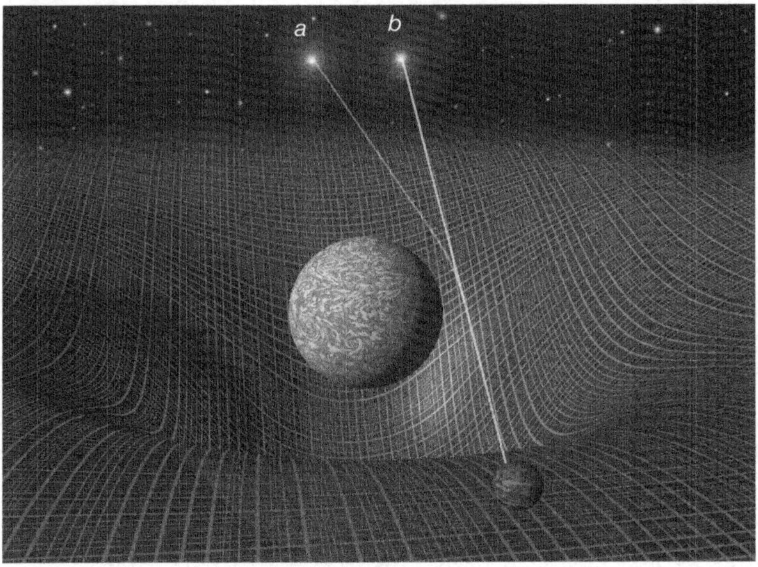

Fig. 1.13. LA LUZ SE CURVA
La luz de una estrella se curva al pasar cerca del Sol debido a la forma en que la masa de éste curva el espacio-tiempo (a). *Ello produce una ligera desviación en la posición aparente de la estrella con respecto a la posición en que la vemos desde la Tierra* (b), *como puede ser comprobado en los eclipses.*

Fig. 1.14. Observaciones de las galaxias indican que el universo se va expandiendo: la distancia entre casi cualquier par de galaxias va aumentando.

vaba el espacio-tiempo en el sentido opuesto, de manera que los cuerpos se repelían. El efecto repulsivo de la constante cosmológica podría cancelar el efecto atractivo de la materia, y permitir así una solución estática para el universo. Ésta fue una de las grandes oportunidades perdidas de la física teórica. Si Einstein se hubiera atenido a sus ecuaciones originales, podría haber predicho que el universo se debe de estar expandiendo o contrayendo. Así las cosas, la posibilidad de un universo dependiente del tiempo no fue tomada seriamente en consideración hasta las observaciones de los años 1920 en el telescopio de 100 pulgadas del Monte Wilson.

Estas observaciones revelaron que cuanto más lejos se hallan las otras galaxias, con mayor velocidad se separan de nosotros. El universo se está expandiendo, y la distancia entre dos galaxias cualesquiera aumenta regularmente con el tiempo (Fig. 1.14). Este descubrimiento eliminó la necesidad de una constante cosmológica que proporcionara una solución estática para el universo. Años después, Einstein dijo que la constante cosmológica había sido el mayor error de su vida.

El telescopio Hooker *de 100 pulgadas del observatorio del Monte Wilson.*

Ahora, en cambio, parece que podría no haberse tratado de un error, después de todo: observaciones recientes, descritas en el capítulo 3, sugieren que podría haber, en efecto, una pequeña constante cosmológica.

La relatividad general cambió completamente los análisis sobre el origen y el destino del universo. Un universo estático habría podido existir desde siempre, o podría haber sido creado hace cierto tiempo en su estado presente. Sin embargo, si las galaxias se están separando, significa que en el pasado deberían haber estado más juntas. Hace unos quince mil millones de años, tendrían que haber estado las unas sobre las otras y la densidad debería haber sido muy elevada. Este estado fue denominado «átomo primordial» por el sacerdote católico Georges Lemaître, que fue el primero que investigó el origen del universo que actualmente denominamos *big bang* o gran explosión inicial.

Parece que Einstein nunca se tomó en serio la gran explosión. Aparentemente, pensaba que el modelo sencillo de un universo en expansión uniforme dejaría de ser válido si se retrotrajeran los movimientos de las galaxias, y que las pequeñas velocidades laterales de éstas habrían evitado que llegaran a chocar las unas con las otras. Pensaba que el universo debería haber tenido una fase previa de contracción y que habría rebotado hacia la presente expansión al llegar a una densidad relativamente moderada. Sin embargo, actualmente sabemos que para que las reacciones nucleares en el universo primitivo hubieran podido producir las cantidades de elementos ligeros que observamos a nuestro alrededor, la densidad debería haber sido al menos de unas diez toneladas por centímetro cúbico, y que la temperatura tendría que haber alcanzado los diez mil millones de grados. Además, observaciones del fondo de microondas indican que la densidad llegó probablemente a un billón de billones de billones de billones de billones de billones (un 1 seguido de 72 ceros) de toneladas por centímetro cúbico. También sabemos hoy en día que la teoría general de la relatividad de Einstein no permite que el universo rebote desde una fase de contracción a la expansión actual. Como veremos en el capítulo 2, Roger Penrose y yo conseguimos demostrar que la relatividad general predice que el universo comenzó con la gran explosión, de manera que la teoría de Einstein implica que el tiempo tuvo un comienzo, aunque a él nunca le gustó esta idea.

Einstein fue todavía más renuente a admitir que la relatividad general prediga que el tiempo se acabará en las estrellas muy pesadas cuando lleguen al fin de sus vidas y no produzcan ya suficiente calor para contrarrestar la fuerza de su propia gravedad, que intenta comprimirlas. Einstein pensaba que esas estrellas alcanzarían un estado final, pero hoy sabemos que ninguna configuración puede representar el estado final de las estrellas de masa superior a dos veces la masa del Sol. Tales estrellas continuarán encogiéndose hasta convertirse en agujeros negros, regiones del espacio-tiempo tan deformadas que la luz no puede escapar de ellas (Fig. 1.15).

Penrose y yo demostramos que la relatividad general predice que el tiempo dejará de transcurrir en el interior de los agujeros negros, tanto para la estrella como para el desafortunado astronauta que caiga en su interior. Pero tanto el co-

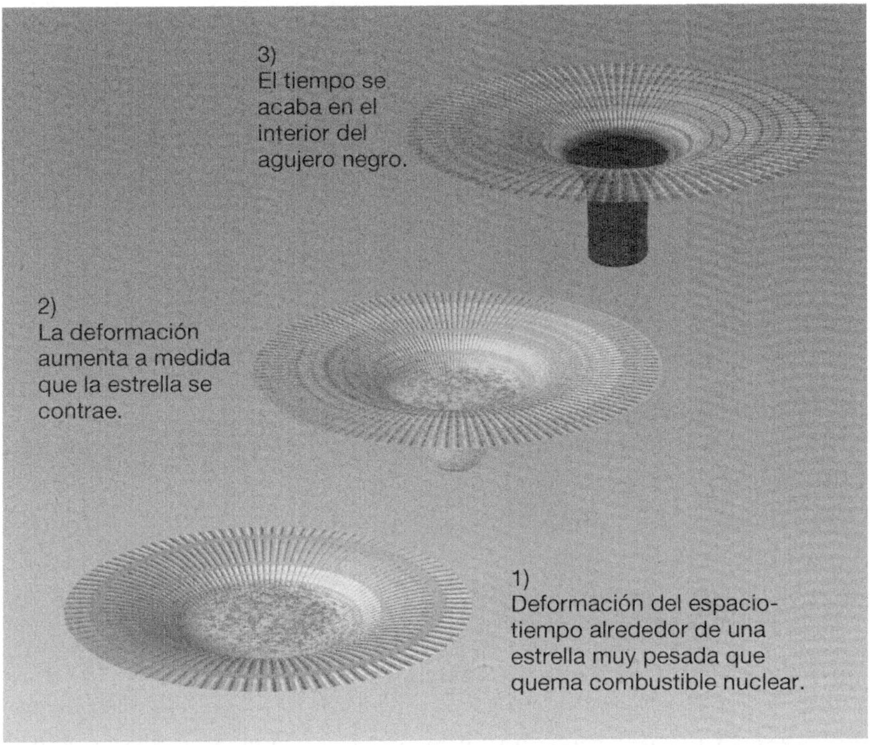

Fig. 1.15. Cuando una estrella muy pesada agota su combustible nuclear, pierde calor y se contrae. La deformación del espacio-tiempo se hace tan grande que se forma un agujero negro, del cual la luz no puede escapar. En el interior del agujero negro, el tiempo llega a su fin.

mienzo como el final del tiempo serían situaciones en que las ecuaciones de la relatividad general no estarían definidas. Así pues, la teoría no podría predecir a qué conduciría la gran explosión. Algunos vieron esto como una indicación de la libertad de Dios para empezar el universo en la forma que quisiera, pero otros (incluido yo) creen que el comienzo del universo debería ser gobernado por las mismas leyes que lo rigen en los otros instantes. Hemos hecho algunos progresos hacia este objetivo, tal como veremos en el capítulo 3, pero todavía no comprendemos por completo el origen del universo.

El motivo de que la relatividad general deje de ser válida en la gran explosión inicial es su incompatibilidad con la teoría cuántica, la otra gran revolución conceptual de comienzos del

Albert Einstein™

Albert Einstein con un muñeco que le representa, poco después de llegar a Estados Unidos.

siglo XX. El primer paso hacia la teoría cuántica se dio en 1900 cuando Max Planck, en Berlín, descubrió que la radiación de un cuerpo al rojo era explicable si la luz sólo podía ser emitida y absorbida en paquetes discretos, llamados cuantos. En uno de sus revolucionarios artículos, escrito en 1905 cuando trabajaba en la oficina de patentes, Einstein demostró que la hipótesis cuántica de Planck podría explicar lo que se conoce como «efecto fotoeléctrico», la manera en que algunos metales desprenden electrones al ser iluminados. Este efecto constituye la base de los modernos detectores de luz y cámaras de televisión, y por este trabajo Einstein recibió el premio Nobel de física.

Einstein siguió trabajando en la idea cuántica durante 1920, pero quedó profundamente turbado por el trabajo de Werner Heisenberg en Copenhague, Paul Dirac en Cambridge y Erwin Schrödinger en Zúrich, que desarrollaron una nueva imagen de la realidad llamada «mecánica cuántica». Las partículas pequeñas ya no tenían una posición y una velocidad bien definidas, sino que cuanto mayor fuera la precisión con que se determinara su posición, menor sería la precisión con que podríamos determinar su velocidad, y viceversa. Einstein quedó escandalizado por este elemento aleatorio e impredecible en las leyes básicas, y nunca llegó a aceptar por completo la mecánica cuántica. Sus sentimientos se resumen en su famosa frase: «Dios no juega a los dados». La mayoría de los restantes científicos, sin embargo, aceptaron la validez de las nuevas leyes cuánticas porque explicaban un amplio dominio de fenómenos que no quedaban descritos previamente, y por su acuerdo excelente con las observaciones. Esas leyes constituyen la base de los modernos desarrollos en química, biología molecular y electrónica, y el fundamento de la tecnología que ha transformado el mundo en el último medio siglo.

En diciembre de 1932, consciente de que Hitler y los nazis llegarían al poder, Einstein abandonó Alemania y cuatro meses después renunció a su ciudadanía. Pasó los últimos veinte años de su vida en el Instituto de Estudios Avanzados de Princeton, en Nueva Jersey.

En Alemania, los nazis orquestaron una campaña contra la «ciencia judía» y los muchos científicos alemanes de origen judío; ésta es, en parte, la razón por la cual Alemania no consiguió construir la bomba atómica. Einstein y la relatividad fueron los principales blancos de dicha campaña. Cuando le informaron de la publicación de un libro titulado *100 autores contra Einstein*, replicó: «¿Por qué cien? Si estuviera equivocado, bastaría con uno solo». Tras la segunda guerra mundial, urgió a los aliados a establecer un gobierno mundial que controlara la bomba atómica. En 1948, le fue ofrecida la presidencia del nuevo estado de Israel, pero la declinó. En cierta ocasión dijo: «La política es para el momento, pero una ecuación es para la eternidad». Las ecuaciones de Einstein de la relatividad general constituyen su mejor recuerdo y epitafio, y deberían durar tanto como el universo.

El mundo ha cambiado mucho más en los últimos cien años que en cualquier siglo precedente. La razón de ello no han sido las nuevas doctrinas políticas o económicas, sino los grandes desarrollos auspiciados por los progresos en las ciencias básicas. ¿Quién podría simbolizar mejor que Einstein tales progresos?

Albert Einstein™

2

La forma del tiempo

La relatividad general de Einstein da forma al tiempo.
Cómo reconciliar esto con la teoría cuántica

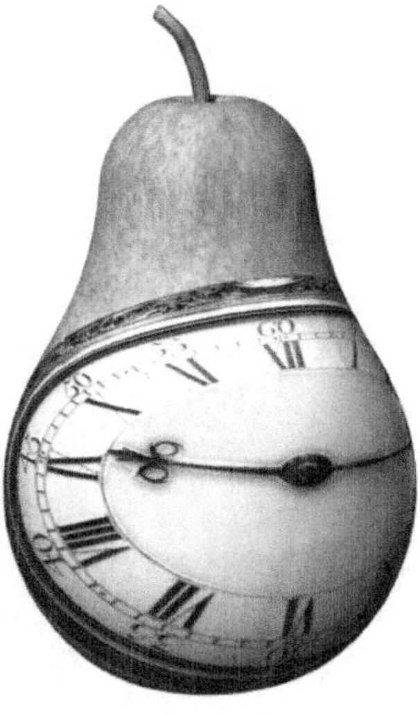

¿Qué es el tiempo? ¿Es una corriente que fluye sin parar y se lleva nuestros sueños, como dice una vieja canción? ¿O es como una vía de ferrocarril? Quizás tenga bucles y ramificaciones, y se pueda seguir avanzando y, aun así, regresar a alguna estación anterior de la línea (Fig. 2.1).

Un autor del siglo XIX, Charles Lamb, escribió: «Nada me produce tanta perplejidad como el tiempo y el espacio. Y sin embargo, nada me preocupa *menos* que el tiempo y el espacio, ya que nunca pienso en ellos». La mayoría de nosotros no acostumbramos a preocuparnos por el tiempo y el espacio, sean lo que sean; pero todos nos preguntamos en alguna ocasión qué es el tiempo, cómo comenzó y adónde nos lleva.

En mi opinión, cualquier teoría científica seria, sobre el tiempo o cualquier otro concepto, debería estar basada en la forma más operativa de filosofía de la ciencia: la perspectiva positivista propuesta por Karl Popper y otros. Según esta forma de pensar, una teoría científica es un modelo matemático que describe y codifica las observaciones que realizamos. Una buena teoría describirá un amplio dominio de fenómenos a partir de unos pocos postulados sencillos, y efectuará predicciones definidas que podrán ser sometidas a prueba. Si las predicciones concuerdan con las observaciones, la teoría sobrevive a la prueba, aunque nunca se pueda demostrar que sea correcta. En cambio, si las observaciones difieren de las predicciones, debemos descartar o modificar la teoría. (Como mínimo, esto es lo que se supone que ocurre. En la práctica, la

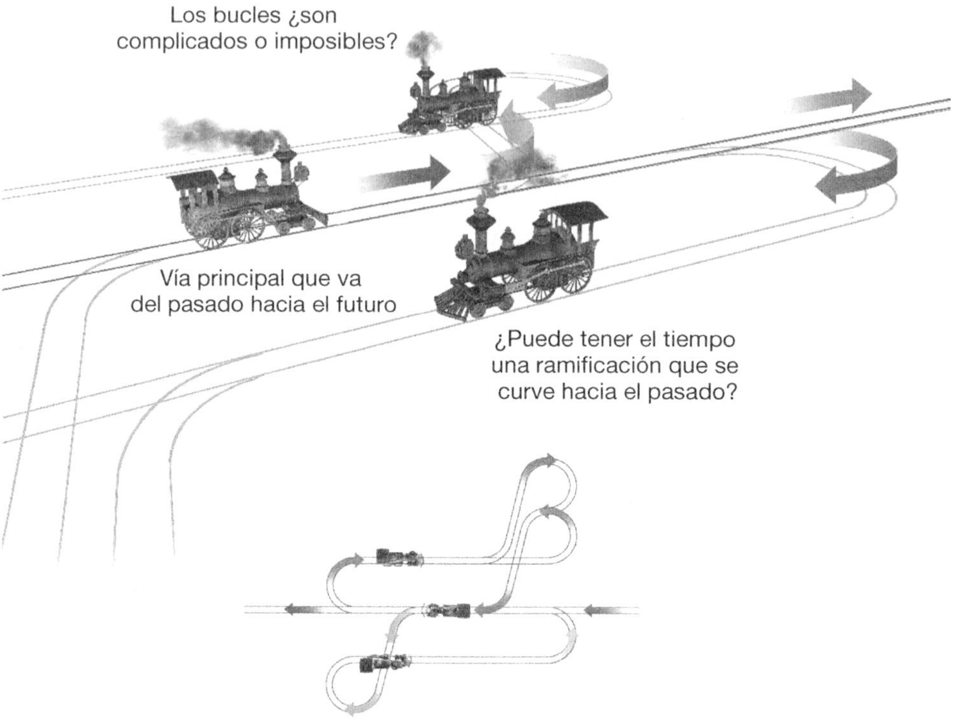

Fig. 2.1. MODELO DEL TIEMPO COMO LÍNEA FERROVIARIA
¿Hay una línea principal que sólo funciona en un sentido —hacia el futuro— o puede describir un bucle que vuelva a unirse con la vía principal en un enclave anterior?

gente cuestiona a menudo la precisión de las observaciones y la fiabilidad y el talante moral de los que las han realizado.) Si adoptamos la perspectiva positivista, como yo hago, no podemos decir qué es realmente el tiempo. Todo lo que podemos hacer es describir lo que hemos visto que constituye un excelente modelo matemático del tiempo y decir a qué predicciones conduce.

Isaac Newton nos proporcionó el primer modelo matemático para el tiempo y el espacio en sus *Principia Mathematica*, publicados en 1687. Newton ocupó la cátedra Lucasiana de Cambridge que yo ocupo en la actualidad, aunque en aquella época no funcionaba eléctricamente. En el modelo de Newton, el tiempo y el espacio constituían un fondo sobre el cual se producían los sucesos, pero que no era afectado por ellos. El tiempo estaba separado del espacio y era considerado como una línea recta, o una vía de tren, infinita en ambas direcciones (Fig. 2.2). El propio tiempo era considerado eterno, en el sentido de que siempre había existido y siempre seguiría existiendo. En cambio, mucha gente creía que el universo físico había sido creado más o menos en el estado presente hace tan sólo unos pocos miles de años. Ello desconcertaba a algunos filósofos, como el pensador alemán Immanuel Kant. Si en efecto el universo había sido creado, ¿por qué se había tenido que esperar infinitamente hasta la creación? Por otro lado, si el universo había existido siempre, ¿por qué no había ocurrido ya todo lo que tenía que ocurrir, es decir, por qué la historia no había terminado ya? En particular, ¿por qué el universo no había alcanzado el equilibrio térmico, con todas sus partes a la misma temperatura?

Kant denominó este problema «antinomia de la razón pura», porque parecía constituir una contradicción lógica; no tenía solución. Pero resultaba una contradicción sólo dentro del contexto del modelo matemático newtoniano, en que el tiempo era una línea infinita, independiente de lo que estuviera ocurriendo en el universo. Sin embargo, como vimos en el capítulo 1, en 1915 Einstein propuso un modelo matemático completamente nuevo: la teoría general de la relatividad. En

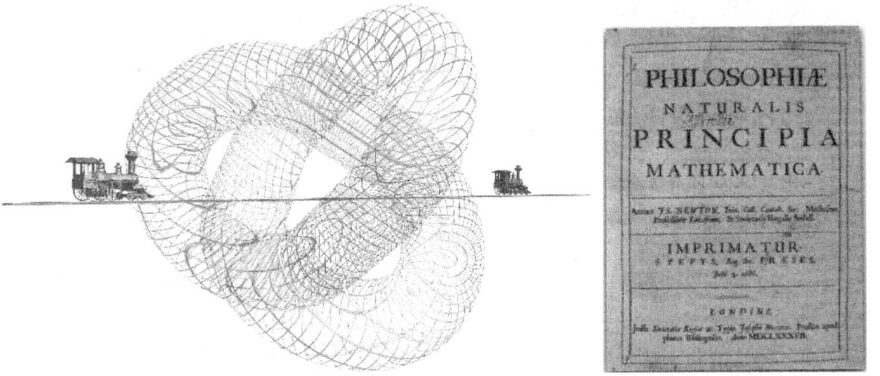

Fig. 2.2. El tiempo newtoniano estaba separado del espacio, como una vía de tren que se extendiera al infinito en ambas direcciones.
Derecha: *Isaac Newton publicó su modelo matemático del tiempo y el espacio hace unos 300 años.*

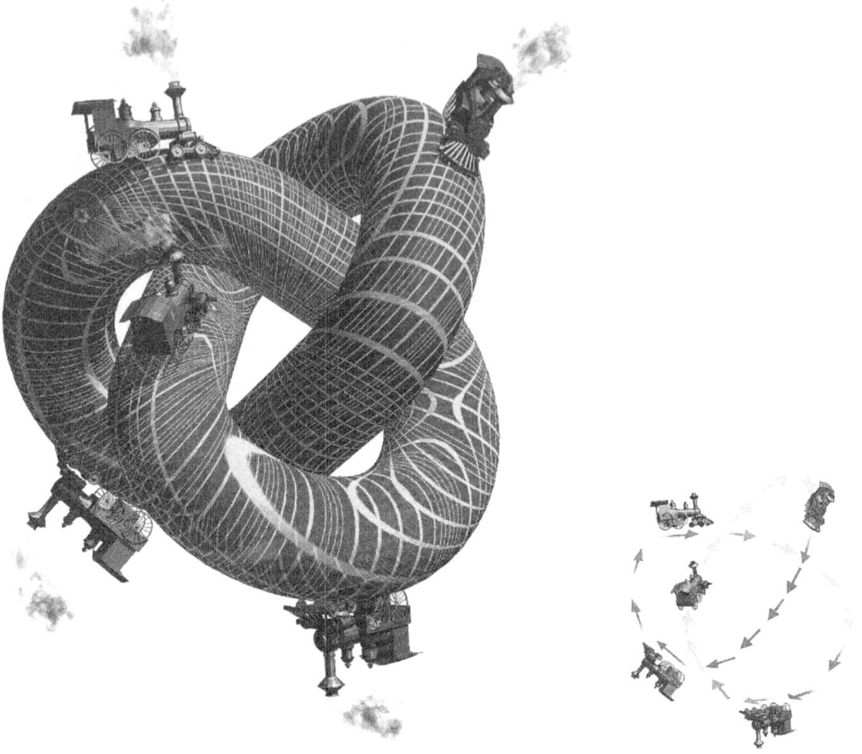

Fig. 2.3. FORMA Y DIRECCIÓN DEL TIEMPO
La teoría de Einstein de la relatividad, avalada por su concordancia con un gran número de experimentos, muestra que el tiempo y el espacio están inextricablemente conectados. No es posible curvar el espacio sin curvar también el tiempo. Así pues, el tiempo tiene una forma. Sin embargo, también parece tener tan sólo una dirección, como las locomotoras de la figura.

los años transcurridos desde su artículo, hemos añadido algunos refinamientos ornamentales, pero nuestro modelo de tiempo y de espacio sigue estando basado en las propuestas de Einstein. Este capítulo y los siguientes describirán cómo han evolucionado nuestras ideas desde el artículo revolucionario de Einstein. Se trata de la historia del éxito del trabajo de un gran número de personas, y me siento orgulloso de haber podido aportar una pequeña contribución a ella.

La relatividad general combina la dimensión temporal con las tres dimensiones espaciales para formar lo que se llama «espacio-tiempo» (Fig. 2.3). La teoría incorpora los efectos

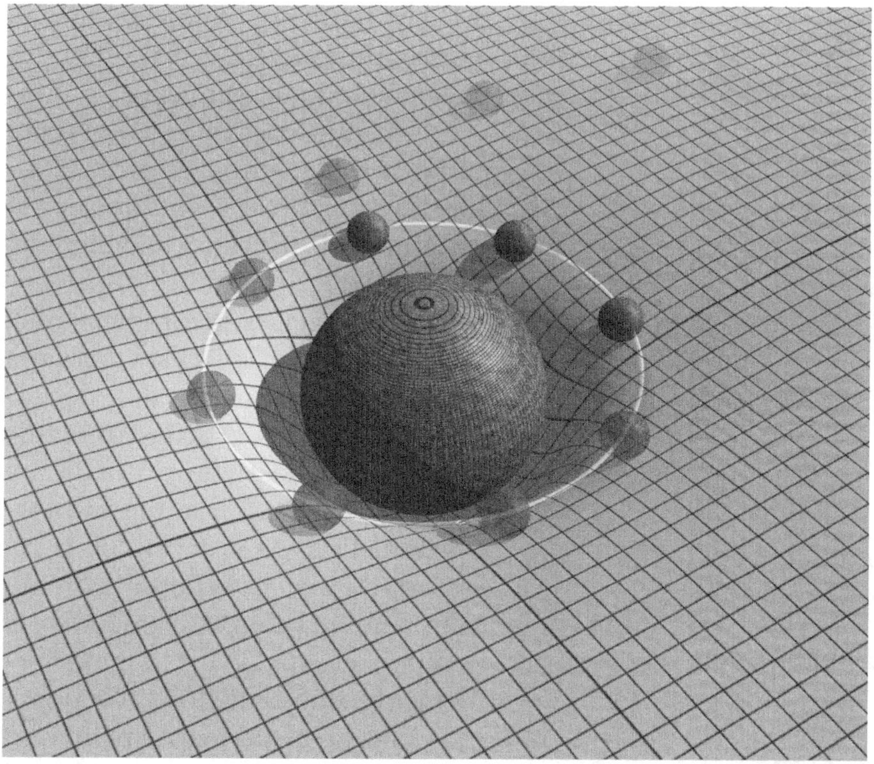

Fig. 2.4. ANALOGÍA DE LA LÁMINA DE GOMA
La bola grande central representa un cuerpo de gran masa, como por ejemplo una estrella. Su peso curva la lámina en sus proximidades. Las trayectorias de las bolas pequeñas que se desplazan sobre la lámina son desviadas por esta curvatura y giran alrededor de la bola grande, de la misma manera como los planetas en el campo gravitatorio de una estrella orbitan alrededor de ésta.

de la gravedad, y afirma que la distribución de materia y energía en el universo deforma y distorsiona el espacio-tiempo, de manera que ya no es plano. Los objetos intentan moverse en trayectorias rectilíneas en el espacio-tiempo, pero como éste está deformado, sus trayectorias parecen curvadas: se mueven como si estuvieran afectados por un campo gravitatorio.

Una tosca analogía de la situación, que no debemos tomar demasiado al pie de la letra, consiste en imaginar una lámina de goma. Podemos depositar sobre ella una bola grande que represente el Sol. El peso de la bola hundirá ligeramente la lámina y hará que esté curvada en las proximidades del Sol. Si ahora hacemos rodar pequeñas bolitas sobre la lámina, no la recorrerán en línea recta, sino que girarán alrededor del objeto pesado, como los planetas orbitan alrededor del Sol (Fig. 2.4).

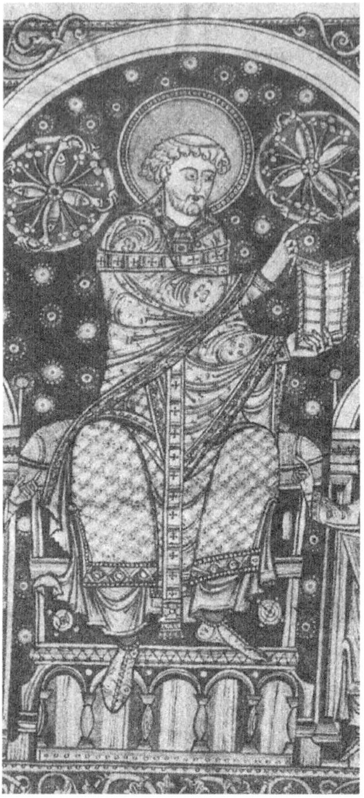

San Agustín, el pensador del siglo V *que dijo que el tiempo no existía antes del comienzo del universo.*
Página de De Civitate Dei, *siglo* XII, *Biblioteca Laurenciana, Florencia.*

La analogía es incompleta porque en ella tan sólo está curvada una sección bidimensional del espacio (la superficie de la lámina de goma), pero el tiempo queda sin perturbar, como en la teoría newtoniana. Pero en la teoría de la relatividad, que concuerda con un gran número de experimentos, el tiempo y el espacio están inextricablemente entrelazados. No podemos curvar el espacio sin involucrar asimismo al tiempo. Por lo tanto, el tiempo adquiere una forma. Al curvar el tiempo y el espacio, la relatividad general los convierte en participantes dinámicos de lo que ocurre en el universo, en lugar de considerarlos como un mero escenario pasivo en que se suceden los acontecimientos. En la teoría newtoniana, en que el tiempo existía independientemente de todo lo demás, se podía preguntar: ¿qué hacía Dios antes de crear el universo? Como dijo san Agustín, no deberíamos bromear con estas cuestiones, como el hombre que dijo «estaba preparando el infierno para los que pusieran preguntas demasiado complicadas». Es una pregunta seria que la gente se ha planteado a lo largo de todas las épocas. Según san Agustín, antes de que Dios creara el cielo y la Tierra no hacía nada en absoluto. De hecho, esta visión resulta muy próxima a las ideas actuales.

En la relatividad general, el tiempo y el espacio no existen independientemente del universo o separadamente el uno del otro. Están definidos por medidas efectuadas dentro del universo, como el número de vibraciones de un cristal de cuarzo de un reloj o la longitud de una cinta métrica. Es fácilmente concebible que un tiempo definido de este modo, en el interior del universo, debe haber tenido un valor mínimo o un valor máximo —en otras palabras, un comienzo o un final—. No tendría sentido preguntar qué ocurrió antes del comienzo o después del fin, porque tales tiempos no estarían definidos.

Claramente, resultaba importante decidir si el modelo matemático de la relatividad general *predecía* que el universo, y el propio tiempo, hubieran debido tener un comienzo o un final. El prejuicio general entre los físicos teóricos, incluido el propio Einstein, era que el tiempo debería ser infinito en ambas direcciones. Si no, se planteaban cuestiones embarazosas sobre la creación del universo, que parecían hallarse más allá del dominio de la ciencia. Se conocían soluciones de las ecuaciones de Einstein en que el tiempo tenía un comienzo o un final, pero todas ellas eran muy especiales, con un grado muy elevado de simetría. Se creía que en los objetos reales que se colapsaran bajo la acción de su propia gravedad, la presión o los efectos de las velocidades laterales impedirían que toda la materia cayera al mismo punto y la densidad se hiciera infinita. Análogamente, si se retrotrajera la expansión del universo, se encontraría que no toda la materia del universo emergería de un punto de densidad infinita. Tal punto de densidad infinita se denomina una singularidad y constituiría un comienzo o un final del tiempo.

En 1963, dos científicos rusos, Evgenii Lifshitz e Isaac Khalatnikov, afirmaron haber demostrado que todas las soluciones de las ecuaciones de Einstein que poseen una singularidad deberían tener una distribución muy especial de materia y de velocidades. La probabilidad de que la solución que representa el universo tuviera esta disposición especial era prácticamente nula. Casi ninguna de las soluciones que podrían representar el universo poseería una singularidad con una densidad infinita. Antes de la etapa de expansión del uni-

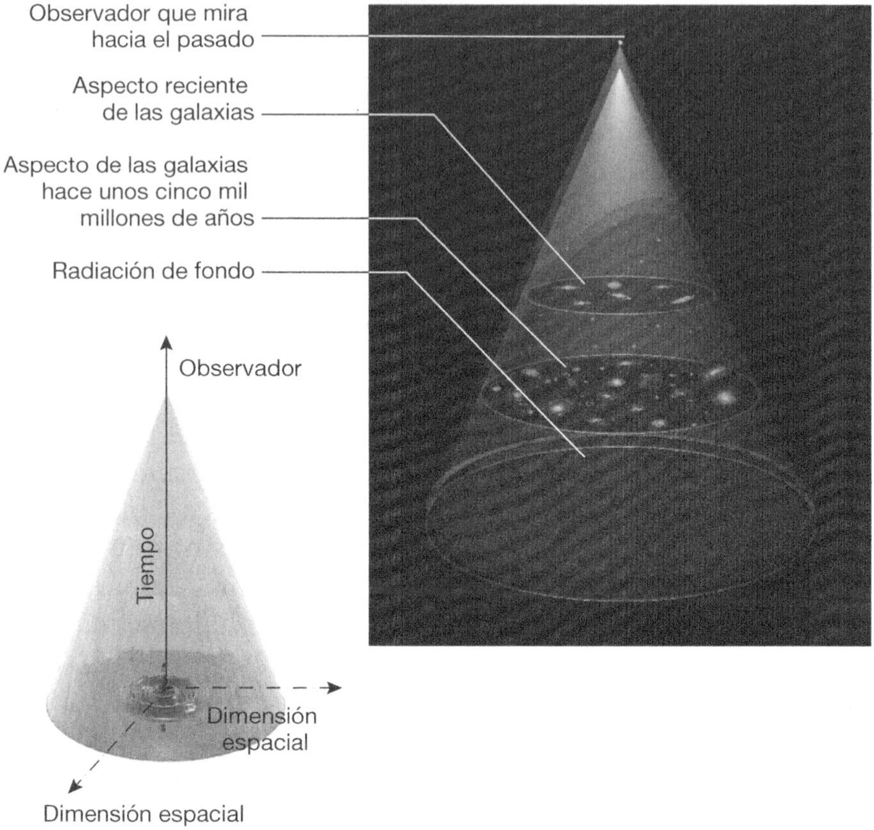

Fig. 2.5. CONO DE LUZ DEL PASADO
Cuando observamos las galaxias distantes, vemos el universo en tiempos anteriores, ya que la luz se desplaza con velocidad finita. Si representamos el tiempo en el eje vertical y dos de las tres dimensiones espaciales en los ejes horizontales, la luz que nos llega actualmente en el vértice ha viajado hacia nosotros dentro de una región limitada por un cono.

verso, debería haber habido una fase de contracción durante la cual toda la materia se fue acumulando pero sin llegar a chocar consigo misma, separándose de nuevo en la fase actual de expansión. Si éste fuera el caso, el tiempo seguiría para siempre, desde un pasado infinito a un futuro infinito.

No todos quedaron convencidos por los argumentos de Lifshitz y Khalatnikov. Roger Penrose y yo adoptamos una perspectiva diferente, basada no en el estudio de soluciones detalladas, sino en la estructura global del espacio-tiempo. En la relatividad general, el espacio-tiempo es curvado no sólo por los objetos con masa, sino también por el contenido en energía. Ésta siempre es positiva, por lo cual confiere al espacio-tiempo una curvatura que desvía los rayos de luz los unos hacia los otros.

Consideremos ahora el cono de luz correspondiente a nuestro pasado (Fig. 2.5), es decir, las trayectorias, en el espacio-tiempo, de los rayos de luz de galaxias distantes que nos están llegando en el presente. En un diagrama en que el tiempo corresponda al eje vertical y el espacio a los ejes perpendiculares a éste, tales trayectorias se hallan en el interior de un cono cuyo vértice, o punta, se halla en nosotros. A medida que vamos hacia el pasado, bajando desde el vértice del cono, vemos galaxias de tiempos cada vez más anteriores. Como el universo se ha estado expandiendo y todo estaba mucho más próximo entre sí, a medida que miramos un futuro más distante contemplamos regiones de densidad de materia cada vez mayor. Observamos un tenue fondo de radiación de microondas que se propaga hacia nosotros por el cono de luz del pasado y que procede de un tiempo muy anterior, cuando el universo era mucho más denso y caliente que en la actualidad. Sintonizando receptores a las diferentes frecuencias de las microondas, podemos medir su espectro (la distribución de la potencia en función de la frecuencia) de esta radiación. Hallamos un espectro que es característico de la radiación de un cuerpo con una temperatura de 2,7 grados sobre el cero absoluto. Esta radiación de microondas no resulta muy adecuada para descongelar una *pizza*, pero el hecho de que su espectro concuerde tan exactamente con el de la radiación de un cuerpo a 2,7 grados nos indica que la radiación debe proceder de regiones opacas a las microondas (Fig. 2.6).

Así pues, podemos concluir que el cono de luz de nuestro pasado debe atravesar una cierta cantidad de materia al ir retrocediendo en el tiempo. Esta cantidad de materia es suficiente para curvar el espacio-tiempo de manera que los rayos de luz de dicho cono del pasado estén curvados los unos hacia los otros (Fig. 2.7).

A medida que retrocedemos en el tiempo, las secciones transversales del cono de luz de nuestro pasado alcanzan un

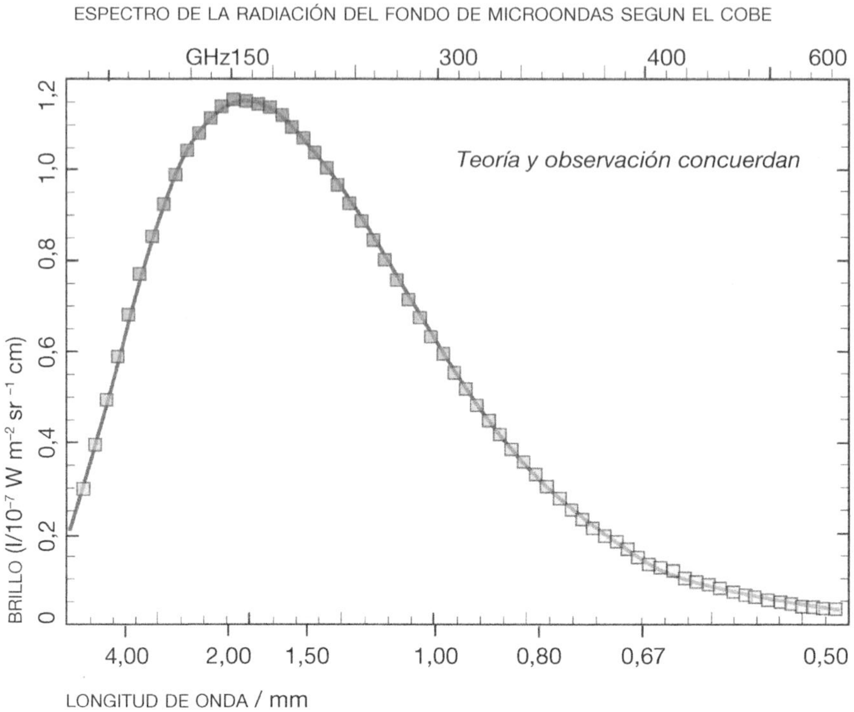

Fig. 2.6. MEDIDA DEL ESPECTRO DEL FONDO DE MICROONDAS
El espectro —la distribución de la intensidad en función de la frecuencia— de la radiación cósmica del fondo de microondas es el característico de un cuerpo caliente. Para que la radiación se halle en equilibrio térmico, la materia debe haberla esparcido muchas veces. Ello indica que en nuestro cono de luz del pasado debe haber habido suficiente materia para que éste esté curvado.

tamaño máximo y empiezan a disminuir de nuevo. Nuestro pasado tiene forma de pera (Fig. 2.8).

Cuando retrocedemos todavía más hacia el pasado, la densidad de energía positiva de la materia hace que los rayos de luz se curven los unos hacia los otros más fuertemente. La sección transversal del cono de luz se reducirá a tamaño cero en un tiempo finito. Ello significa que toda la materia del interior de nuestro cono de luz del pasado está atrapada en una región cuya frontera tiende a cero. Por lo tanto, no resulta demasiado sorprendente que Penrose y yo lográramos demostrar que en el modelo matemático de la relatividad general, el tiempo debe haber tenido un comienzo en lo que deno-

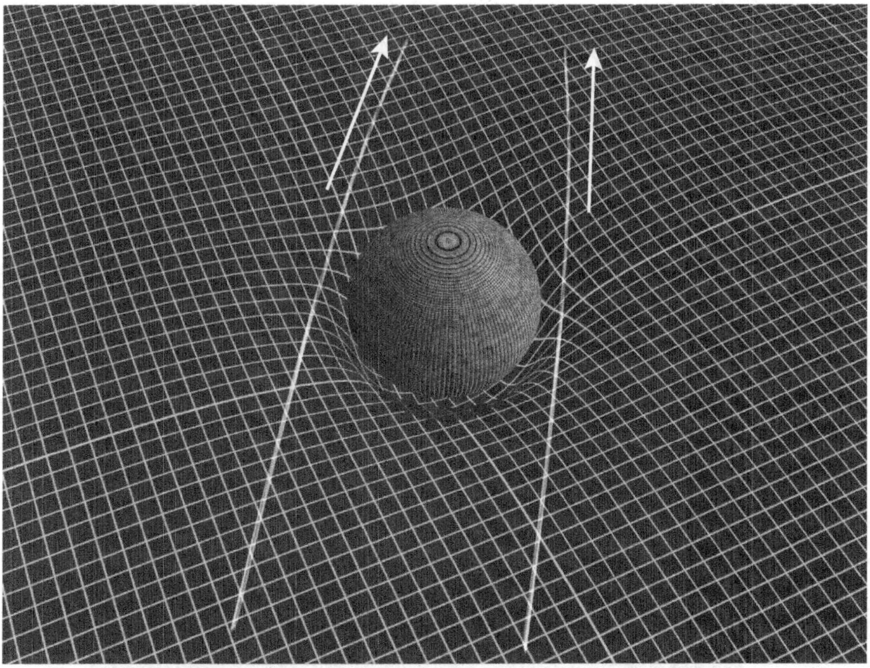

Fig. 2.7. DEFORMANDO EL ESPACIO-TIEMPO
Como la gravedad es atractiva, la materia siempre deforma el espacio-tiempo de tal manera que los rayos de luz se curvan los unos hacia los otros.

minamos gran explosión inicial o *big bang*. Argumentos análogos demuestran que el tiempo tendría un final, cuando las estrellas o las galaxias se colapsaran bajo la acción de su propia gravedad y formaran un agujero negro. Habíamos esquivado la antinomia de la razón pura de Kant eliminando su hipótesis implícita de que el tiempo tenía sentido independientemente del universo. El artículo en que demostrábamos que el tiempo tuvo un comienzo ganó el segundo premio de un concurso patrocinado por la Gravity Research Foundation en 1968, y Roger y yo compartimos la principesca suma de 300 dólares. No creo que los otros ensayos premiados aquel año hayan tenido un interés demasiado duradero.

Nuestro trabajo suscitó reacciones diversas: molestó a muchos físicos pero entusiasmó a los dirigentes religiosos que creían en un acto de creación, para el cual veían aquí una demostración científica. Entre tanto, Lifshitz y Khalatnikov ha-

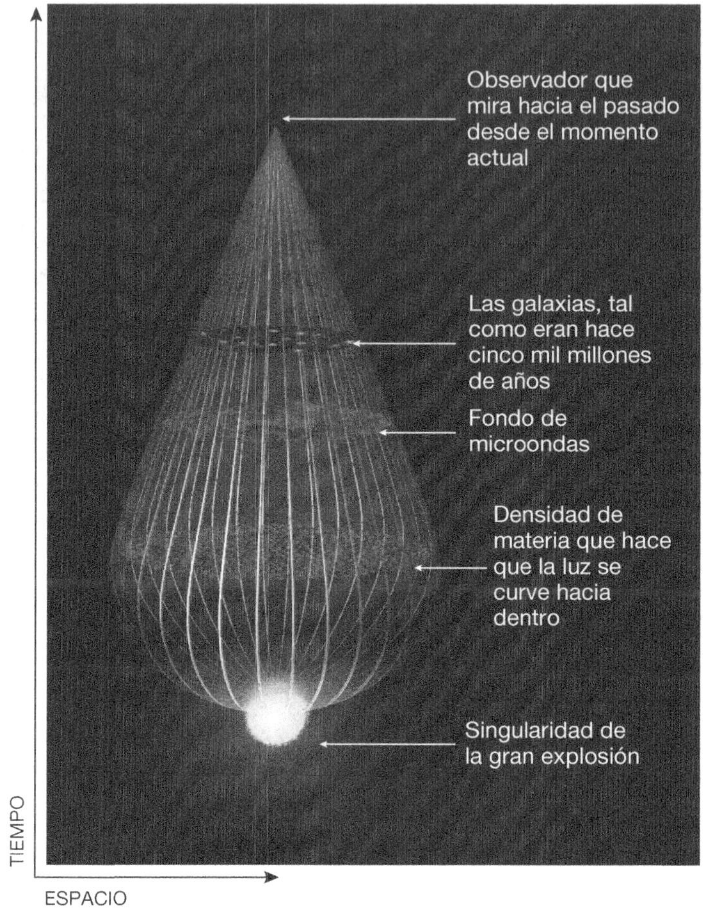

Fig. 2.8. EL TIEMPO TIENE FORMA DE PERA
Si seguimos nuestro cono de luz hacia el pasado, se curva debido a la atracción de la materia del universo primitivo. Todo el universo que observamos está contenido en una región cuya frontera se encoge hasta hacerse nula en la gran explosión. Ésta constituiría una singularidad, un punto en que la densidad de materia sería infinita y la relatividad general clásica dejaría de ser válida.

bían quedado en una posición bastante embarazosa. No podían hallar argumentos contra los teoremas matemáticos que habíamos demostrado, pero en el sistema soviético no podían admitir que se habían equivocado y que la ciencia occidental tenía razón. Sin embargo, salvaron la situación al hallar una familia más general de soluciones con singularidad, que no

PRINCIPIO DE INCERTIDUMBRE

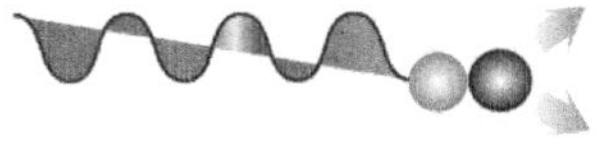

Las longitudes de onda de baja frecuencia perturban menos la velocidad de la partícula.

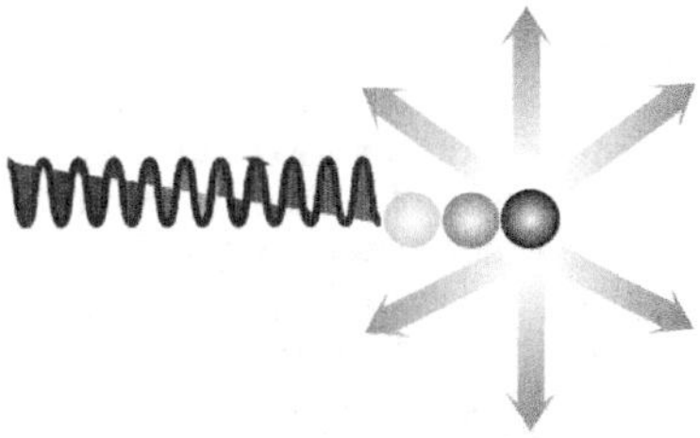

Las longitudes de onda de frecuencia elevada perturban más la velocidad de la partícula.

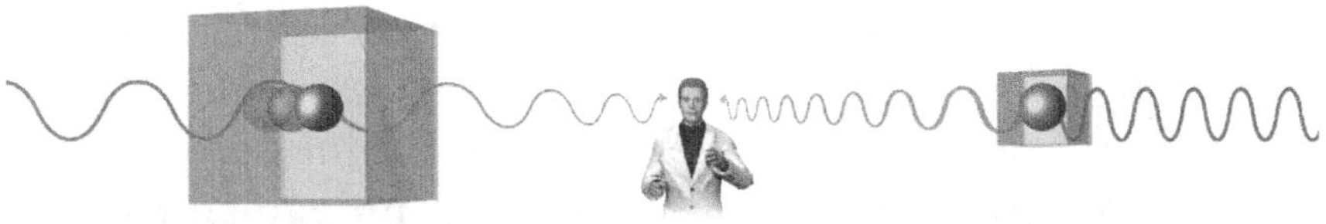

Cuanto más larga es la longitud de onda utilizada para observar una partícula, mayor es la incertidumbre en su

Cuanto más corta es la longitud de onda utilizada para observar una partícula, mayor es la certidumbre en su

Un hito importante en el descubrimiento de la teoría cuántica fue la propuesta de Max Planck, en 1900, de que la luz siempre va en pequeños paquetes, llamados cuantos. Pese a que la hipótesis cuántica de Planck explicaba claramente las observaciones sobre la tasa de emisión de radiación por cuerpos calientes, el calado completo de sus implicaciones no fue advertido hasta mediados de la década de 1920, cuando el físico alemán W. Heisenberg formuló su famoso principio de incertidumbre.

Heisenberg observó que la hipótesis de Planck implica que cuanto mayor es la precisión con que intentamos medir la posición de una partícula, menor es la precisión con que podemos medir su velocidad, y viceversa.

En términos más precisos, demostró que la incertidumbre en la posición de una partícula multiplicada por la incertidumbre en su cantidad de movimiento (masa por velocidad) siempre debe ser mayor que la constante de Planck, que es una magnitud estrechamente relacionada con el contenido de energía de un cuanto de luz.

ECUACIÓN DE INCERTIDUMBRE DE HEISENBERG

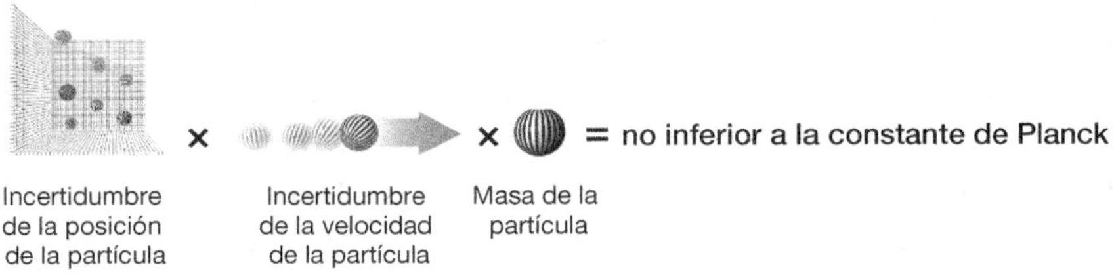

LOS CAMPOS DE MAXWELL

En 1865, el físico británico James Clerk Maxwell sintetizó todas las leyes conocidas de la electricidad y el magnetismo. La teoría de Maxwell descansa en la existencia de campos que transmiten las acciones de las fuerzas de un lugar a otro del espacio. Maxwell advirtió que los campos que transmiten las perturbaciones eléctricas y magnéticas son entidades dinámicas que pueden oscilar y propagarse por el espacio.

La síntesis de Maxwell del electromagnetismo puede ser condensada en dos ecuaciones que describen la dinámica de estos campos. Él mismo dedujo la primera gran conclusión que se desprende de ellas, a saber, que las ondas electromagnéticas de cualquier frecuencia se propagan en el espacio con la misma velocidad, la velocidad de la luz.

eran especiales en el sentido en que lo eran sus soluciones anteriores. Ello les permitió afirmar que las singularidades, y el comienzo o el final del tiempo, eran un descubrimiento soviético.

Muchos físicos seguían rechazando instintivamente la idea de que el tiempo tuviera un comienzo o un final. Por ello, subrayaron que no se podía esperar que el modelo matemático constituyera una buena descripción del espacio-tiempo cerca de una singularidad. La razón es que la relatividad general, que describe la fuerza gravitatoria, es una teoría clásica, como hemos dicho en el capítulo 1, que no incorpora la incertidumbre de la teoría cuántica que rige todas las otras fuerzas que conocemos. Esta inconsistencia no tiene importancia en la mayor parte del universo ni durante la mayor parte del tiempo, porque la escala correspondiente a la curvatura del espacio-tiempo es muy grande y la escala en que los efectos cuánticos empiezan a resultar relevantes es muy pequeña. Pero cerca de una singularidad ambas escalas serían comparables y los efectos gravitatorios cuánticos serían importantes. Por ello, lo que los teoremas de singularidad de Penrose y mío establecían realmente era que nuestra región clásica de espacio-tiempo está limitada en el pasado, y probablemente en el futuro, por regiones en que la gravedad cuántica es relevante. Para comprender el origen y el destino del universo, necesitamos una teoría cuántica de la gravitación, que será el tema de la mayor parte de este libro.

Las teorías cuánticas de sistemas como los átomos, con un número finito de partículas, fueron formuladas en la década de

1920 por Heisenberg, Schrödinger y Dirac. (Dirac fue otro de mis antecesores en la cátedra de Cambridge, cuando todavía no estaba motorizada.) Sin embargo, se topaba con dificultades cuando se intentaba extender las ideas cuánticas a los campos de Maxwell, que describen la electricidad, el magnetismo y la luz.

Podemos imaginar los campos de Maxwell como constituidos por ondas de diferentes longitudes de onda (la distancia

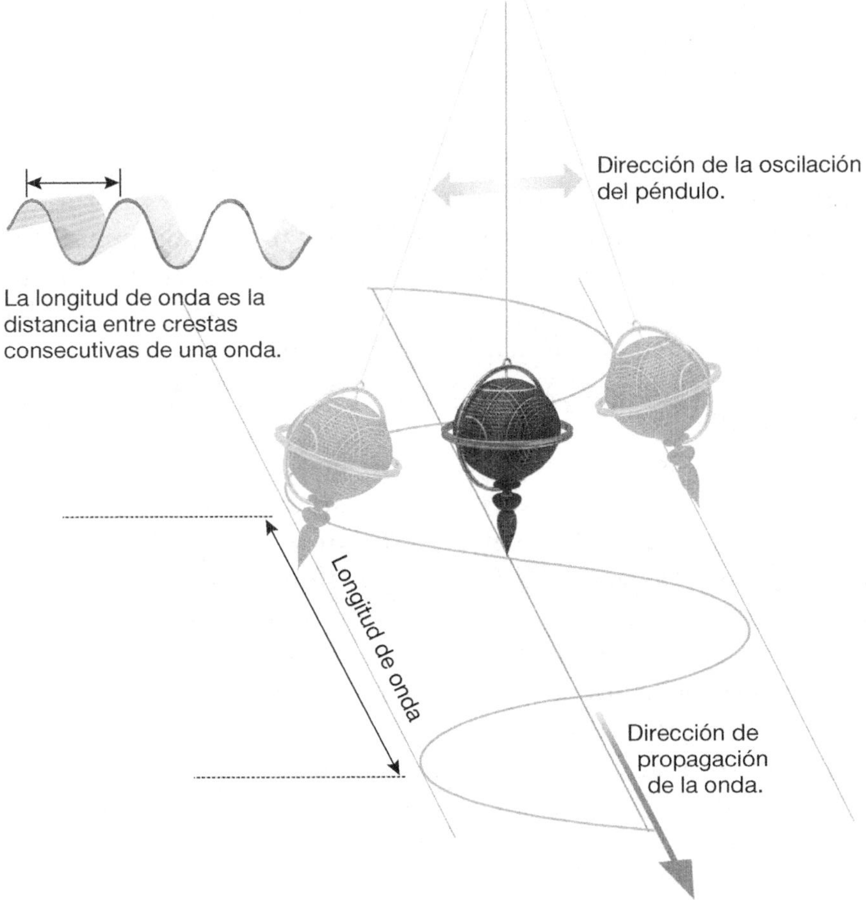

Fig. 2.9. ONDA DE PROPAGACIÓN CON PÉNDULO OSCILANTE
La radiación electromagnética se propaga en el espacio como una onda, de manera que sus campos eléctrico y magnético oscilan, como un péndulo, en direcciones transversales a la del movimiento. La radiación puede estar formada por campos de diferentes longitudes de onda.

entre dos crestas consecutivas de la onda). En una onda, los campos oscilan de un valor a otro como un péndulo (Fig. 2.9).

Según la teoría cuántica, el estado fundamental o estado de energía más baja de un péndulo no es aquel en que está en reposo hacia abajo. Este estado tendría simultáneamente una posición y una velocidad bien definidas, ambas de valor nulo. Ello constituiría una violación del principio de incertidumbre, que prohíbe la medición precisa simultánea de la posición y la velocidad. La incertidumbre en la posición, multiplicada por la incertidumbre en el ímpetu (velocidad por masa) debe ser mayor que una cierta cantidad, conocida como constante de Planck, un número cuya escritura resulta demasiado larga, por lo cual utilizaremos para él un símbolo: $\hbar$.

Así pues, el estado fundamental o estado de energía más baja de un péndulo no tiene energía nula, como se podría haber esperado, sino que incluso en su estado fundamental un péndulo o cualquier sistema oscilante debe tener una cierta cantidad mínima de lo que se denomina «fluctuaciones del punto cero». Éstas implican que el péndulo no apuntará necesariamente hacia abajo sino que habrá una cierta probabilidad de hallarlo formando un pequeño ángulo con la vertical (Fig. 2.10). Análogamente, incluso en el vacío o estado de energía más baja, las ondas de los campos de Maxwell no serán exactamente nulas, sino que tendrán un tamaño pequeño. Cuanto mayor sea la frecuencia (número de oscilaciones por minuto) del péndulo o de la onda, mayor será la energía de su estado fundamental.

Cálculos de las fluctuaciones del estado fundamental de los campos de Maxwell y de los electrones pusieron de manifiesto que la masa y la carga aparentes del electrón serían infinitas, en contra de lo que indican las observaciones. Sin embargo, en los años cuarenta, los físicos Richard Feynman, Julian Schwinger y Shin'ichiro Tomonaga desarrollaron un método consistente de eliminación o «sustracción» de estos infinitos para quedarse sólo con los valores finitos observados de la masa y la carga. Aun así, las fluctuaciones en el estado fundamental seguían causando pequeños efectos que podían ser medidos y concordaban con las predicciones. Unos esquemas de sustrac-

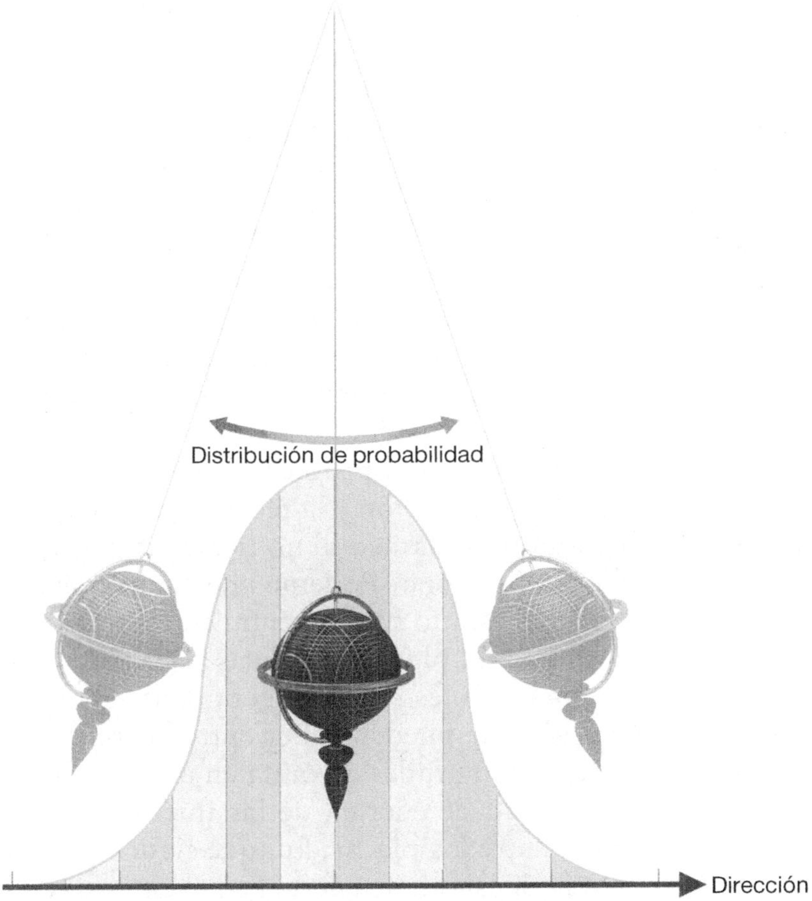

Fig. 2.10. PÉNDULO CON UNA DISTRIBUCIÓN DE PROBABILIDAD
Según el principio de Heisenberg, es imposible que un péndulo esté apuntando exactamente hacia abajo, con velocidad nula. En vez de ello, la teoría cuántica predice que, incluso en su estado de energía mínima, el péndulo debe tener una cierta cantidad mínima de fluctuaciones. Ello significa que la posición del péndulo vendrá dada por una distribución de probabilidad. En su estado fundamental, la posición más probable es la que apunta hacia abajo, pero también hay una cierta probabilidad de hallarlo formando un pequeño ángulo con la vertical.

ción parecidos conseguían eliminar los infinitos en el caso de los campos de Yang-Mills, en la teoría propuesta por Chen Ning Yang y Robert Mills. Esa teoría es una extensión de la teoría de Maxwell para describir las interacciones de otras dos fuerzas llamadas «fuerza nuclear fuerte y nuclear débil». Sin embargo, las fluctuaciones del estado fundamental tienen efectos mucho más serios en una teoría cuántica de la gravedad. De nuevo, cada longitud de onda tendría una cierta energía en el estado fundamental. Como no hay límite inferior al valor de las longitudes de onda de los campos de Maxwell, en cualquier región del espacio-tiempo habrá un número infinito de longitudes de onda y la energía del estado fundamental será infinita. Puesto que la densidad de energía es, tal como la materia, una fuente de gravitación, esta densidad infinita de energía implicaría que en el universo hay suficiente atracción gravitacional para curvar el espacio-tiempo en un solo punto, lo que evidentemente no ha sucedido.

Podríamos esperar resolver el problema de esta contradicción aparente entre la observación y la teoría diciendo que las fluctuaciones del estado fundamental no tienen efectos gravitatorios, pero ello no funciona. Podemos detectar la energía de las fluctuaciones del estado fundamental en el efecto Casimir. Si tenemos un par de placas metálicas paralelas y muy próximas entre sí, su efecto es reducir ligeramente el número de longitudes de onda que pueden caber entre las placas con respecto al número de longitudes de onda en el exterior. Ello significa que la densidad de energía de las fluctuaciones del estado fundamental entre las placas, aunque sigue siendo infinita, es inferior a la densidad de energía en el exterior de las mismas, en una pequeña cantidad (Fig. 2.11). Esta diferencia de densidad de energía da lugar a una fuerza atractiva entre las placas, que ha sido observada experimentalmente. Como en la relatividad general las fuerzas constituyen una fuente de gravitación, tal como lo es la materia, sería inconsistente ignorar los efectos gravitatorios de esta diferencia de energías.

Otra posible solución del problema consistiría en suponer que hay una constante cosmológica, como la introducida por Einstein en su intento de obtener un modelo estático del universo. Si esta constante tuviera un valor infinito negativo, podría cancelar exactamente el valor infinito positivo de la energía del estado fundamental en el espacio libre, pero esta constante cosmológica parece muy ad hoc y tendría que ser ajustada con un grado extraordinario de precisión.

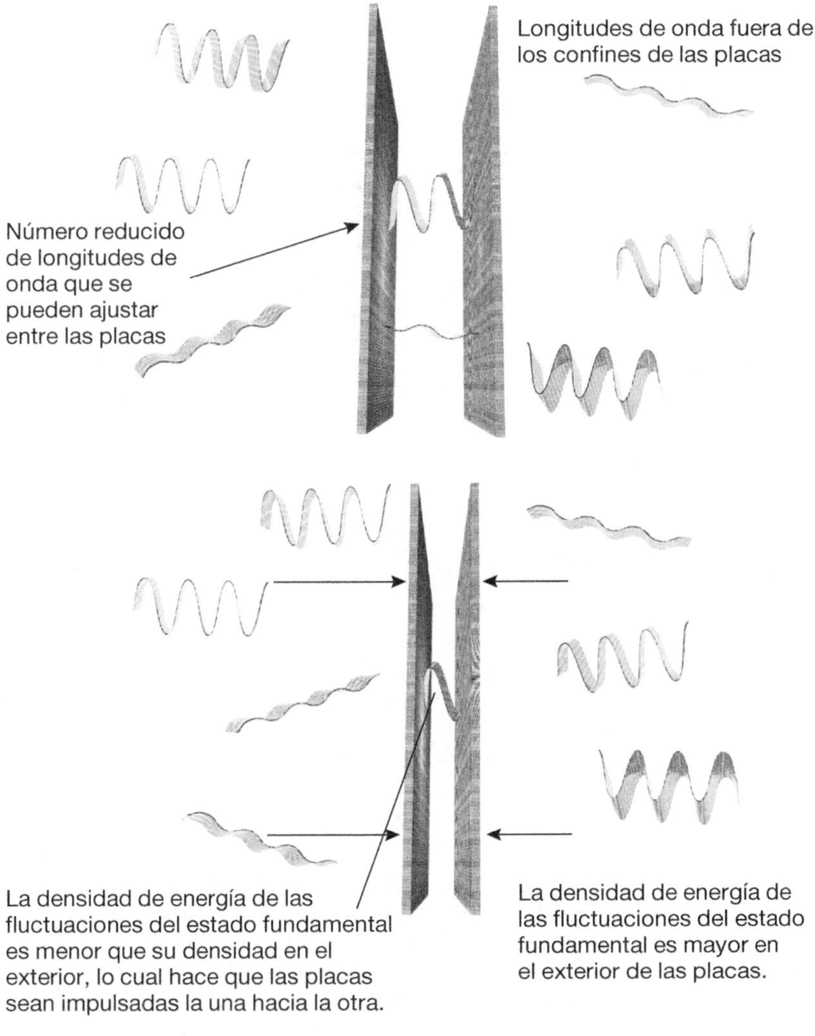

Fig. 2.11. EFECTO CASIMIR
La existencia de fluctuaciones en el estado fundamental ha sido confirmada experimentalmente por el efecto Casimir, una diminuta fuerza entre placas metálicas paralelas.

Afortunadamente, en los años setenta se descubrió un tipo totalmente nuevo de simetría que proporciona un mecanismo físico natural para cancelar los infinitos que surgen de las fluctuaciones del estado fundamental. La supersimetría constituye una característica de los modelos matemáticos modernos, que puede ser descrita de diferentes maneras. Una de

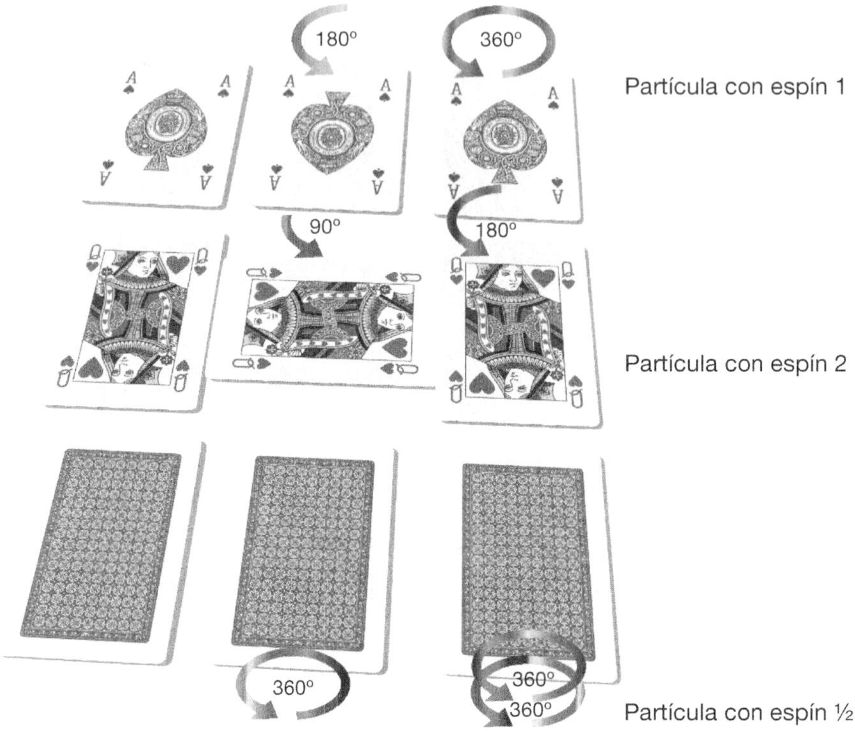

Fig. 2.12. ESPÍN

Todas las partículas presentan una propiedad llamada «espín», relacionada con el aspecto que presentan al ser observadas en diferentes direcciones. Podemos ilustrarlo con las cartas de una baraja. Consideremos, en primer lugar, el as de picas. Sólo presenta el mismo aspecto si le damos una vuelta completa, es decir, de 360°. Se dice, así, que tiene espín 1.
En cambio, la reina de corazones tiene dos cabezas y, por lo tanto, ya tiene el mismo aspecto si se le hace dar media vuelta. Se dice que tiene espín 2. Análogamente, podríamos imaginar objetos con espín 3 o superior, que tendrían el mismo aspecto bajo fracciones cada vez menores de una vuelta. Cuanto mayor es el espín, menor es la fracción de vuelta completa que debe girarse la partícula para que presente el mismo aspecto. Lo más notable es que hay partículas que sólo tienen el mismo aspecto si se les hace dar dos vueltas completas. Se dice que tales partículas tienen espín ½.

ellas consiste en decir que el espacio-tiempo tiene otras dimensiones adicionales además de las que percibimos. Se llaman dimensiones de Grassmann, porque son expresadas en números llamados «variables de Grassmann» en vez de en números ordinarios. Los números ordinarios conmutan, es decir, tanto da el orden en que los multipliquemos: 6 por 4 es lo

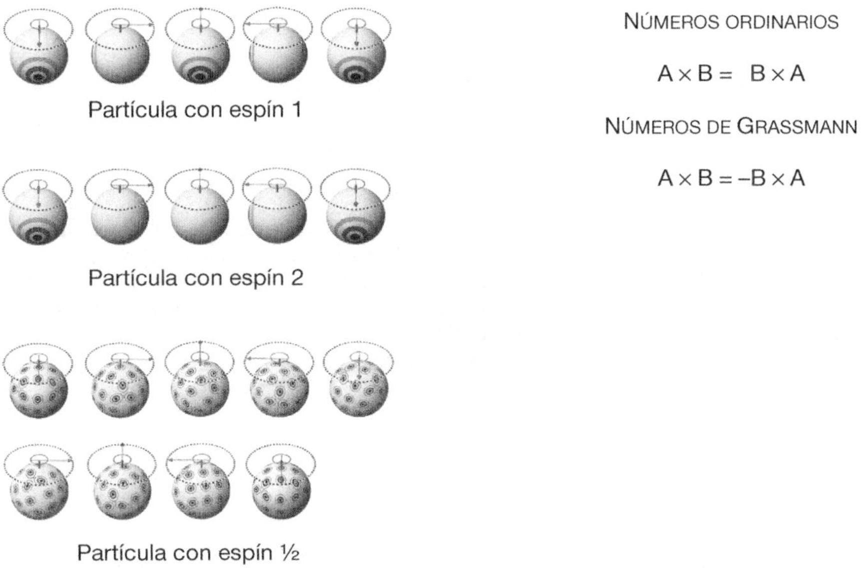

mismo que 4 por 6, pero las variables de Grassmann *anti*conmutan: x por y es lo mismo que $-y$ por x.

La supersimetría fue utilizada por primera vez para eliminar los infinitos de los campos de materia y de Yang-Mills en un espacio-tiempo en que tanto las dimensiones ordinarias como las de Grassmann eran planas, en vez de curvadas. Pero resultaba natural extenderla a situaciones en que ambos tipos de dimensiones fueran curvadas. Ello condujo a diversas teorías denominadas «supergravedad», con diferentes grados de supersimetría. Una consecuencia de la supersimetría es que cada campo o partícula debería tener un «supersocio» con un espín superior o inferior en ½ a su propio espín (Fig. 2.12).

Las energías del estado fundamental de los bosones, campos cuyo espín es un número entero (0, 1, 2, etc.) son positivas. En cambio, las energías del estado fundamental de los fermiones, campos cuyo espín es un número semientero (½, 3/2, etc.), son negativas. Como en las teorías de supergravedad hay el mismo número de bosones que de fermiones, los infinitos de orden superior se cancelan. (Véase la página 64, Fig. 2.13).

Quedaba la posibilidad de que pudieran subsistir sin cancelarse algunos infinitos de órdenes inferiores. Nadie tuvo la

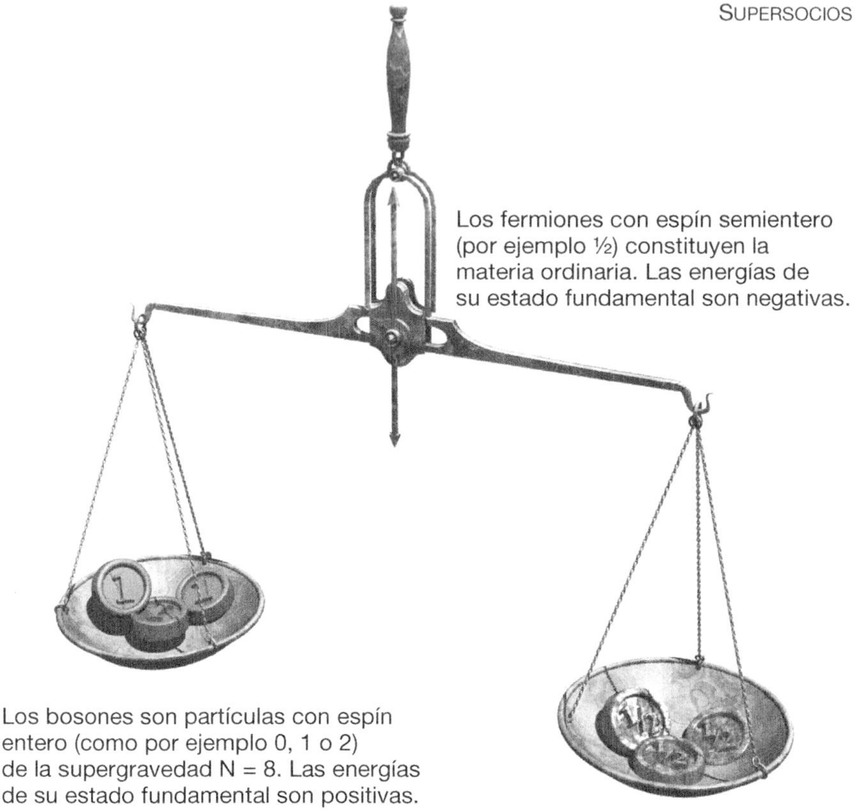

Fig. 2.13. Todas las partículas conocidas del universo pertenecen a uno de dos grupos, fermiones o bosones. Los fermiones son partículas con espín semientero (como por ejemplo ½), y constituyen la materia ordinaria. Las energías de su estado fundamental son negativas.

Los bosones son partículas con espín entero (como 0, 1, 2) y dan lugar a las fuerzas entre los fermiones, tales como la fuerza gravitatoria y la luz. Las energías de su estado fundamental son positivas. La teoría de la supergravedad supone que cada fermión y cada bosón tienen un supersocio con un espín que vale ½ más o ½ menos que su propio espín. Por ejemplo, un fotón (que es un bosón) tiene espín 1. La energía de su estado fundamental es positiva. El supersocio del fotón, el fotino, tiene espín ½, por lo cual es un fermión. Por consiguiente, la energía de su estado fundamental es negativa.

En este esquema de la supergravedad tenemos el mismo número de bosones que de fermiones. La energía positiva del estado fundamental de los primeros cancela la energía negativa del estado fundamental de los segundos, lo cual elimina los infinitos de orden superior.

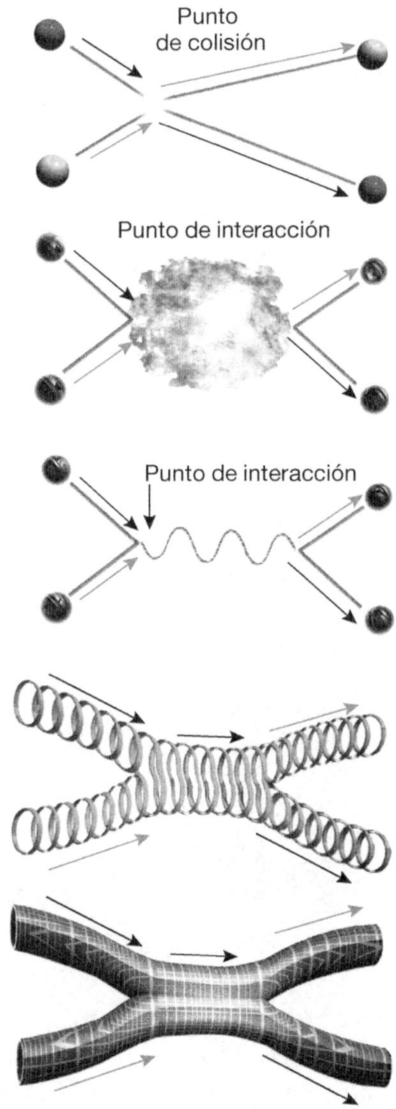

MODELOS DE COMPORTAMIENTO DE PARTÍCULAS

1 Si existieran realmente partículas puntuales discretas, como bolitas, cuando chocaran sus trayectorias serían desviadas en dos nuevas trayectorias.

2 Esto es lo que parece ocurrir cuando dos partículas interactúan, aunque el proceso es mucho más complicado.

3 La teoría cuántica de campos estudia la colisión de dos partículas, como un electrón y su antipartícula, el positrón. Al chocar, se aniquilan brevemente en una fantástica explosión de energía y crean un fotón. A continuación, éste cede su energía, produciendo otro par electrón-positrón. Aun así, parece como si se hubieran desviado en nuevas trayectorias.

4 Si las partículas no son puntos de dimensión cero sino cuerdas unidimensionales cuyos bucles vibrantes oscilan como un electrón y un positrón, al chocar y aniquilarse mutuamente crean una nueva cuerda con un patrón de vibración diferente. Al liberar energía, se divide en dos nuevas cuerdas que siguen nuevas trayectorias.

5 Si las cuerdas originales se consideran como una historia temporal ininterrumpida, y no como instantes discretos, las cuerdas resultantes son vistas como la hoja de universo de una cuerda.

paciencia necesaria para calcular si estas teorías eran en verdad completamente finitas. Se bromeaba con que un buen estudiante tardaría unos doscientos años en comprobarlo y, ¿cómo podríamos estar seguros de que no había cometido ningún error en la segunda página de los cálculos? Aun así, hacia 1985 la mayoría de los especialistas creían que casi todas las teorías de supergravedad estarían libres de infinitos.

Entonces, de repente, la moda cambió. La gente empezó a decir que no había motivos para esperar que las teorías de supergravedad no contuvieran infinitos, lo cual significaba que podrían resultar fatalmente erróneas como teorías. En su lugar, se proclamó que la única manera de combinar la gravedad con la teoría cuántica era una teoría llamada «teoría supersimétrica de cuerdas». Las cuerdas, como sus homólogas en la vida cotidiana, son objetos unidimensionales extensos: sólo

Fig. 2.14. OSCILACIONES DE CUERDAS
En la teoría de cuerdas, los objetos básicos no son partículas que ocupan un solo punto en el espacio, sino cuerdas unidimensionales. Sus cabos pueden estar sueltos o unidos, formando bucles cerrados.
Tal como las cuerdas de un violín, las de la teoría de cuerdas presentan ciertas figuras de vibración, o frecuencias resonantes, cuyas longitudes de onda se adaptan de forma precisa entre ambos extremos.
Pero así como las diferentes frecuencias resonantes de las cuerdas de un violín dan origen a diferentes notas musicales, las diferentes oscilaciones de una cuerda dan lugar a diferentes masas y cargas de fuerzas, que son interpretadas como partículas fundamentales. En grandes líneas, cuanto menor es la longitud de onda de la oscilación, mayor es la masa de la partícula correspondiente.

tienen longitud. Las cuerdas de esta teoría se mueven en el espacio-tiempo de fondo, y sus vibraciones son interpretadas como partículas (Fig. 2.14).

Si las cuerdas tienen dimensiones de Grassmann y dimensiones ordinarias, las vibraciones corresponderán a bosones y fermiones. En este caso, las energías positivas y negativas del estado fundamental se cancelarían exactamente, de manera que no habría infinitos de ningún orden. Se dijo que las supercuerdas eran la Teoría de Todo.

Los futuros historiadores de la ciencia encontrarán interesante explorar el cambio de marea de opinión entre los físicos teóricos. Durante algunos años, las cuerdas reinaron sin rival y la supergravedad fue menospreciada como una simple teoría aproximada, válida tan sólo a bajas energías. El calificativo de «bajas energías» era considerado particularmente ominoso, aunque en este contexto bajas energías significaba que las partículas tendrían energías de al menos un millón de billones la de las partículas en una explosión de TNT. Si la supergravedad era tan sólo una aproximación de baja energía, no podía pretender ser la teoría fundamental del universo. En su lugar, se suponía que la teoría subyacente era una de las cinco posibles teorías de supercuerdas. Pero ¿cuál de estas cinco teorías describía nuestro universo? Y, ¿cómo podría formularse la teoría de cuerdas más allá de la aproximación en que éstas son representadas como superficies con una dimensión espacial y otra temporal, desplazándose en un espacio-tiempo plano? ¿No curvarían dichas cuerdas el espacio-tiempo de fondo?

En los años siguientes a 1985, fue haciéndose cada vez más evidente que la teoría de cuerdas no era la descripción completa. Para empezar, se advirtió que las cuerdas son tan sólo un miembro de una amplia clase de objetos que pueden extenderse en más de una dimensión. Paul Townsend, que, como yo, es miembro del Departamento de Matemáticas Aplicadas y Física Teórica de Cambridge, y a quien debemos muchos de los trabajos fundamentales sobre estos objetos, les dio el nombre de «p-branas». Una p-brana tiene longitud en p dimensiones. Por lo tanto, una $p = 1$ brana es una cuerda, una p = 2 brana es una superficie o membrana, y así sucesivamente (Fig. 2.15). No parece haber motivo alguno para favorecer el caso de las cuerdas, con p = 1, sobre los otros posibles valores de p, sino que deberíamos adoptar el principio de la democracia de las p-branas: todas las p-branas son iguales.

Todas las p-branas podían ser obtenidas como soluciones de las ecuaciones de las teorías de supergravedad en 10 u 11 dimensiones. Aunque 10 u 11 dimensiones no parecen tener nada que ver con el espacio-tiempo de nuestra experiencia, la idea era que las otras 6 o 7 dimensiones están enrolladas con un radio de curvatura tan pequeño que no las observamos; sólo somos conscientes de las cuatro dimensiones restantes, grandes y casi planas.

Debo decir que, personalmente, me he resistido a creer en dimensiones adicionales. Pero como soy un positivista, la pregunta «¿Existen realmente dimensiones adicionales?» no tiene ningún significado para mí. Todo lo que podemos preguntar es si los modelos matemáticos con dimensiones adicionales proporcionan una buena descripción del universo. Todavía no contamos con ninguna observación que requiera dimensiones adicionales para ser explicada. Sin embargo, existe la posibilidad de que podamos observarlas en el Gran Colisionador de Hadrones LHC (*Large Hadron Collider*), de Ginebra. Pero lo que ha convencido a mucha gente, incluido yo, de que deberíamos tomarnos seriamente los modelos con dimensiones adicionales es la existencia de una red de relacio-

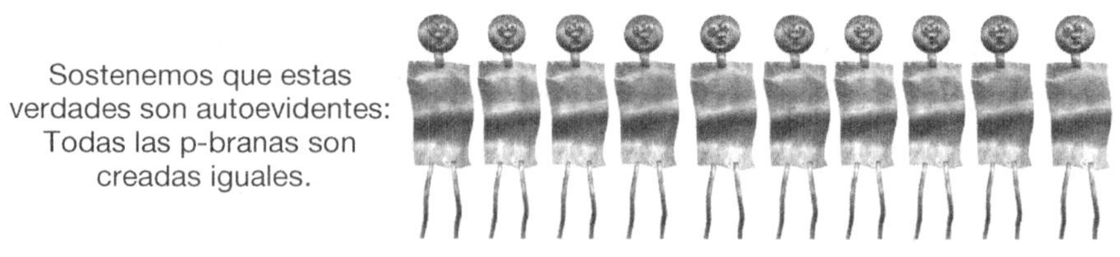

Fig. 2.15. P-BRANAS
Las p-branas son objetos que se extienden en p dimensiones. Casos especiales son las cuerdas, con p = 1, y las membranas, con p = 2, pero también son posibles valores superiores de p en espacio-tiempos de 10 u 11 dimensiones. A menudo, algunas o todas las p dimensiones están enrolladas como un toro.

nes inesperadas, llamadas «dualidades», entre dichos modelos. Estas dualidades demuestran que todos los modelos son esencialmente equivalentes; es decir, son tan sólo aspectos diferentes de una misma teoría subyacente que ha sido llamada «teoría M». No considerar esta red de dualidades como una señal de que estamos en buen camino sería como creer que Dios puso los fósiles en las rocas para engañar a Darwin sobre la evolución de la vida.

Paul Townsend, el cerebro de las p-branas.

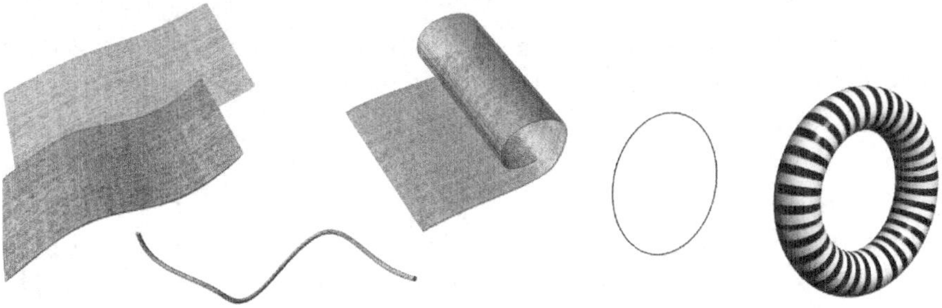

La fábrica espacial de nuestro universo puede tener dimensiones extensas y enrolladas. Las membranas se ven mejor si están enrolladas.

Una 1-brana o cuerda que forma un bucle.

Una 2-brana enrollada que forma un toro.

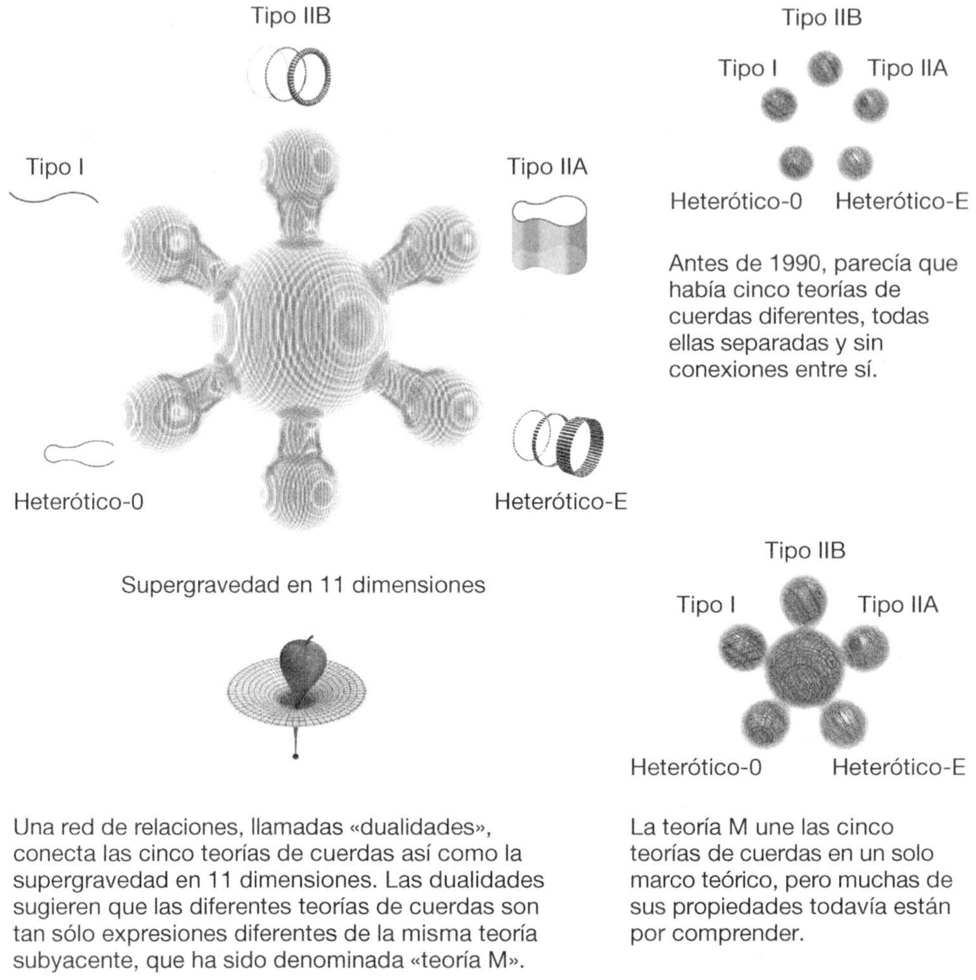

Fig. 2.16. ¿UN MARCO UNIFICADO?

Estas dualidades demuestran que las cinco teorías de supercuerdas describen la misma física, y que también son físicamente equivalentes a la supergravedad (Fig. 2.16). No podemos decir que las supercuerdas sean más fundamentales que la supergravedad, o viceversa, sino que son expresiones diferentes de la misma teoría de fondo, cada una de las cuales resulta útil para cálculos en diferentes tipos de situaciones. Como las teorías de cuerdas no tienen infinitos resultan adecuadas para calcular lo que ocurre cuando unas cuantas partículas de altas energías colisionan entre sí y se esparcen. Sin

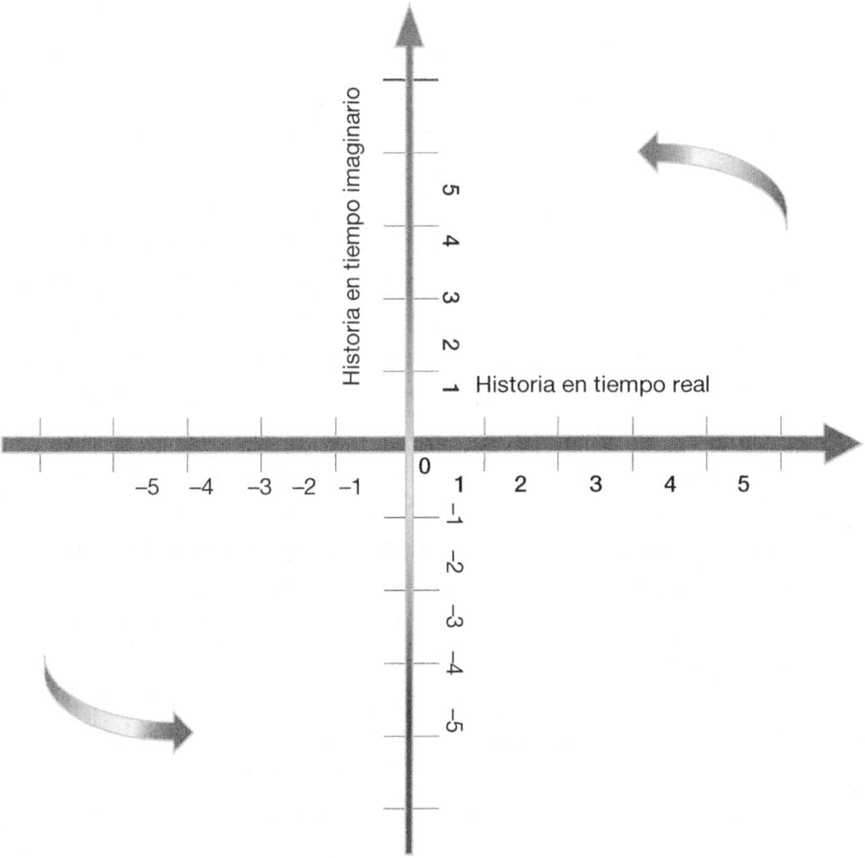

Fig. 2.17. Es posible construir un modelo matemático en que hay una dirección de tiempo imaginario perpendicular a la del tiempo real ordinario. El modelo establece reglas que determinan la historia en tiempo imaginario en función de la historia en tiempo real, y viceversa.

embargo, no resultan muy útiles para describir cómo la energía de un gran número de partículas curva el universo o forma un estado ligado, como un agujero negro. Para estas situaciones es necesaria la supergravedad, que es básicamente la teoría de Einstein de los espacio-tiempos curvados con algunos tipos adicionales de materia. Ésta es la imagen que utilizaré principalmente en adelante.

Para describir cómo la teoría cuántica configura el tiempo y el espacio, resulta útil introducir la idea de un tiempo imaginario. Tiempo imaginario suena a ciencia ficción, pero es un concepto matemáticamente bien definido: el tiempo expresado en lo que llamamos números imaginarios. Podemos considerar los números reales, por ejemplo 1, 2, –3,5 y otros, como la expresión de posiciones en una recta que se extiende de izquierda a derecha: el cero en el centro, los números reales positivos a la derecha y los números reales negativos a la izquierda (Fig. 2.17).

Los números imaginarios pueden representarse entonces como si correspondieran a las posiciones en una línea vertical: el cero seguiría estando en el centro, los números imaginarios positivos estarían en la parte superior y los imaginarios negativos en la inferior. Así pues, los números imaginarios pueden ser considerados como un nuevo tipo de números perpendiculares en cierto modo a los números reales ordinarios. Como son una construcción matemática no necesitan una realización física: no podemos tener un número imaginario de naranjas ni una tarjeta de crédito con un saldo imaginario (Fig. 2.18).

Podríamos pensar que ello significa que los números imaginarios son tan sólo un juego matemático que nada tiene que ver con el mundo real. Desde la perspectiva positivista, sin embargo, no podemos determinar qué es real. Todo lo que podemos hacer es hallar qué modelos matemáticos describen el universo en que vivimos. Resulta que un modelo matemático en que intervenga un tiempo imaginario predice no sólo

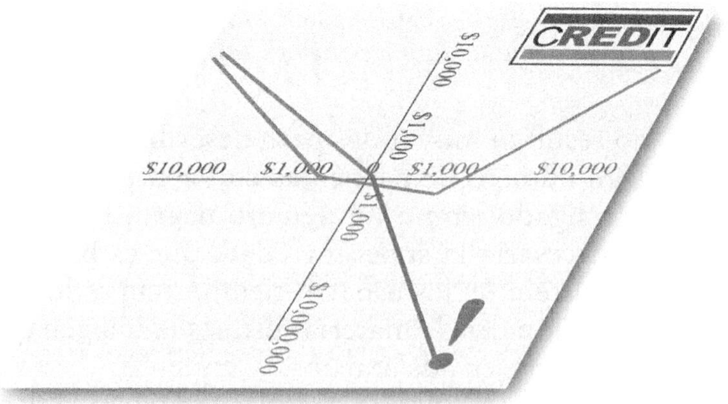

Fig. 2.18. Los números imaginarios son una construcción matemática. No podemos tener una tarjeta de crédito con un saldo imaginario.

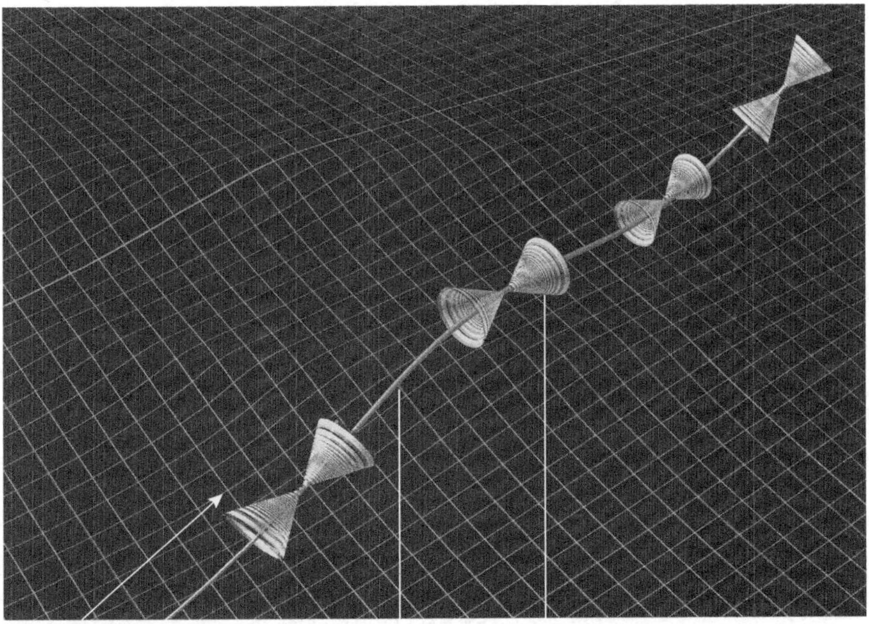

Fig. 2.19. En el espacio-tiempo con tiempo real de la relatividad general clásica, el tiempo se distingue de las direcciones espaciales porque a lo largo de la historia de un observador sólo crece, a diferencia de las direcciones espaciales que pueden aumentar o disminuir. La dirección del tiempo imaginario de la teoría cuántica, en cambio, es como otra dirección espacial, de modo que tanto puede aumentar como disminuir.

efectos que ya hemos observado, sino también otros que aún no hemos podido observar pero en los cuales creemos por algunos otros motivos. Por lo tanto, ¿qué es real y qué es imaginario? ¿Está la diferencia tan sólo en nuestras mentes?

La teoría clásica (es decir, no cuántica) de la relatividad general de Einstein combinaba el tiempo real y las tres dimensiones del espacio en un espacio-tiempo cuadridimensional. Pero la dirección del tiempo real se distinguía de las tres direcciones espaciales; la línea de universo o historia de un observador siempre transcurría en la dirección creciente del tiempo real (es decir, el tiempo siempre transcurría del pasado al futuro), pero podía aumentar o *disminuir* en cualquiera de las tres direcciones espaciales. En otras palabras, se podía invertir la dirección en el espacio, pero no en el tiempo (Fig. 2.19).

Fig. 2.20. TIEMPO IMAGINARIO
En un espacio-tiempo imaginario que tenga forma de esfera, la dirección del tiempo imaginario podría representar la distancia desde el polo Sur. A medida que nos desplazamos hacia el norte, los paralelos van haciéndose mayores, lo cual correspondería a la expansión del universo en el tiempo imaginario. El universo alcanzaría un tamaño máximo en el ecuador y después se volvería a contraer, al seguir aumentando el tiempo imaginario, hasta reducirse a un solo punto en el polo Norte. Aunque en los polos el tamaño del universo sería nulo, estos puntos no serían singularidades sino que, tal como los polos Norte y Sur de la superficie terrestre, serían puntos perfectamente regulares. Ello sugiere que, en el tiempo imaginario, el comienzo del universo podría ser un punto regular del espacio-tiempo.

En cambio, como el tiempo imaginario es perpendicular al tiempo real, se comporta como una cuarta dimensión espacial. Por lo tanto, puede exhibir un dominio de posibilidades mucho más rico que la vía de tren del tiempo real ordinario, que sólo puede tener un comienzo o un fin o ir en círculos. En este sentido imaginario, el tiempo tiene una forma.

Para contemplar algunas de las posibilidades, consideremos un espacio-tiempo con tiempo imaginario que tenga forma de esfera, como la superficie de la Tierra. Supongamos que el tiempo imaginario corresponda a los grados de latitud (Fig. 2.20). Entonces, la historia del universo en tiempo ima-

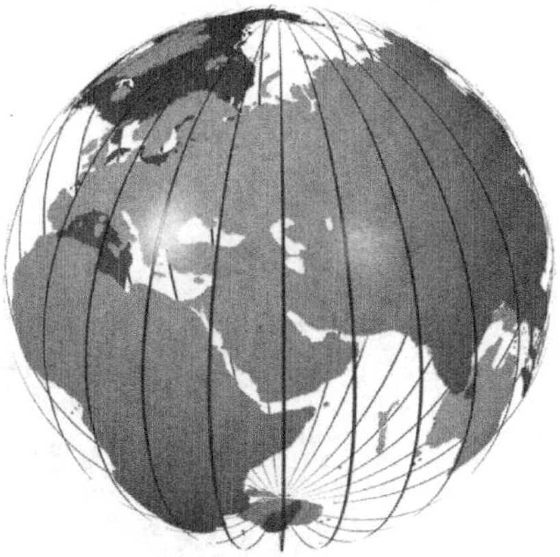

Tiempo imaginario como grados
de longitud que coinciden
en los polos Norte y Sur

Fig. 2.21
En lugar de corresponder a los grados de latitud, la dirección del tiempo imaginario en un espacio-tiempo esférico podría corresponder a los grados de longitud. Como todos los meridianos confluyen en los polos Norte y Sur, en ellos el tiempo se detendría; un incremento de tiempo imaginario nos dejaría exactamente en el mismo lugar, tal como al ir hacia el oeste en el polo Norte terrestre nos quedamos en el mismo polo Norte.

ginario empezaría en el polo Sur. No tendría sentido preguntar: «¿Qué ocurrió antes del comienzo?». Tales tiempos simplemente no están definidos, como no lo están los puntos más al sur del polo Sur. El polo Sur es un punto perfectamente regular de la superficie de la Tierra, y en él se cumplen las mismas leyes que en todos los demás puntos. Ello sugiere que, en el tiempo imaginario, el comienzo del tiempo puede ser un punto regular del espacio-tiempo, y que en él se podrían satisfacer las mismas leyes que en el resto del universo. (El origen y la evolución cuántica del universo serán descritas en el capítulo siguiente.)

Otro posible comportamiento puede ilustrarse suponiendo que el tiempo imaginario corresponde a los grados de longitud en la Tierra. Todos los meridianos (líneas de la misma longitud) se cortan en los polos Norte y Sur (Fig. 2.21). Así pues, en

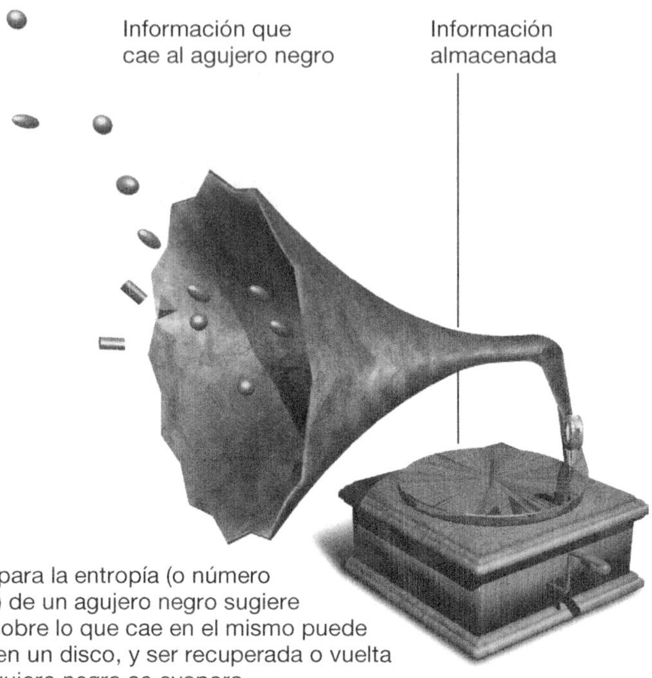

La fórmula del área para la entropía (o número de estados internos) de un agujero negro sugiere que la información sobre lo que cae en el mismo puede almacenarse como en un disco, y ser recuperada o vuelta a tocar cuando el agujero negro se evapora.

ellos el tiempo se detiene, en el sentido de que un incremento del tiempo imaginario, o de los grados de longitud, nos deja en el mismo punto. Esto se parece mucho a la manera en que el tiempo real semeja detenerse en el horizonte de un agujero negro. Hemos caído en la cuenta de que esta detención del tiempo real e imaginario (o los dos se detienen o ninguno de ellos lo hace) significa que el espacio-tiempo tiene una temperatura, como descubrí en los agujeros negros. Los agujeros negros no sólo tienen una temperatura, sino que también se comportan como si tuvieran una magnitud denominada «entropía». La entropía es una medida del número de estados internos (maneras como podríamos configurar su interior) que el agujero negro podría poseer sin parecer diferente a un observador exterior, que sólo puede observar su masa, rotación y carga. La entropía del agujero negro viene dada por una fórmula muy sencilla que descubrí en 1974. Es igual al área del horizonte del agujero negro: hay un bit de información sobre el estado interno del agujero negro por cada unidad fundamental de área de su horizonte. Ello indica que hay una conexión profunda entre la gravedad cuántica y la termodinámica, la ciencia del calor (que incluye el estudio de la entropía). También sugiere que la gravedad cuántica puede exhibir la propiedad llamada «holografía» (Fig. 2.22).

La información sobre los estados cuánticos en una región del espacio-tiempo puede ser codificada de algún modo en la frontera de esa región, que tiene dos dimensiones menos. Algo parecido ocurre con los hologramas, que contienen una imagen tridimensional en una superficie bidimensional. Si la gravedad cuántica incorpora el principio holográfico, significa que podemos seguir la pista de lo que hay dentro de los agujeros negros. Esto es esencial si tenemos que

$$S = \frac{Akc^3}{4\hbar G}$$

FÓRMULA DE LA ENTROPÍA DEL AGUJERO NEGRO

- *A* Área del horizonte de sucesos del agujero negro
- *ħ* Constante de Planck
- *k* Constante de Boltzmann
- *G* Constante de la gravitación de Newton
- *c* Velocidad de la luz
- *S* Entropía del agujero negro

EL PRINCIPIO HOLOGRÁFICO

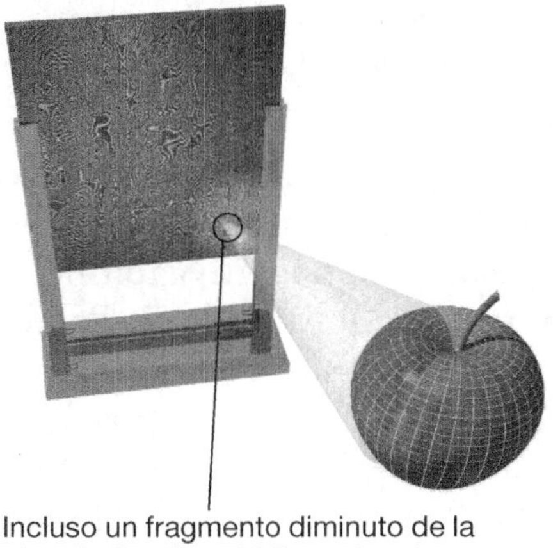

Incluso un fragmento diminuto de la placa holográfica bidimensional contiene suficiente información para reconstruir la imagen tridimensional completa de la manzana.

Haber advertido que el área de la superficie del horizonte que rodea un agujero negro es una medida de la entropía de éste nos hace pensar que la entropía máxima de cualquier región cerrada del espacio no puede sobrepasar un cuarto del área de la superficie que lo circunscribe. Como la entropía no es más que una medida de la información total contenida en un sistema, ello sugiere que la información asociada con todos los fenómenos en el mundo tridimensional puede ser almacenada en su frontera bidimensional, tal como una imagen holográfica. En cierto sentido, el universo sería bidimensional.

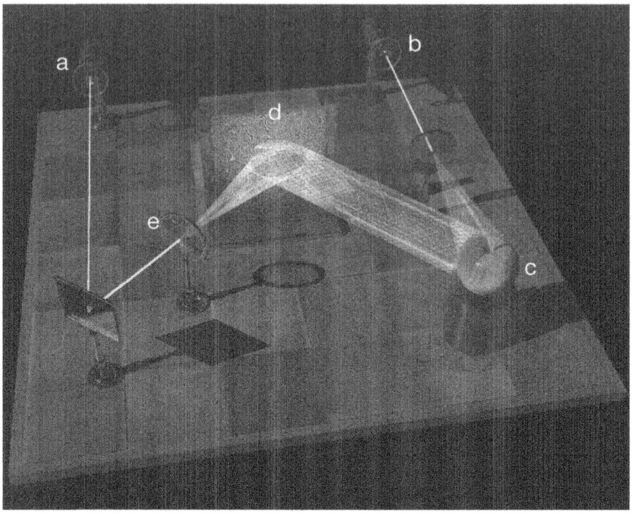

Fig. 2.22. La holografía es esencialmente un fenómeno de interferencia de figuras ondulatorias. Los hologramas son producidos cuando la luz procedente de un láser es bifurcada en dos rayos separados (a) *y* (b). *Uno de ellos* (b) *rebota en el objeto* (c) *e incide sobre una placa fotosensible* (d). *El otro* (a) *atraviesa una lente* (e) *y choca con la luz reflejada de b, produciendo en la placa una figura de interferencia.*
Cuando la placa revelada se ilumina con un láser aparece una imagen completamente tridimensional del objeto original. Un observador que se mueva respecto de la imagen holográfica podrá ver las caras ocultas que una fotografía normal no podría mostrar.
La superficie bidimensional de la placa de la izquierda, a diferencia de una fotografía normal, tiene la notable propiedad de que cualquier fragmento diminuto de su superficie contiene toda la información necesaria para la reconstrucción de la imagen completa.

ser capaces de predecir la radiación que sale de ellos. Si no lo podemos hacer, no podremos predecir el futuro en grado tan alto como creíamos. Trataremos esta cuestión en el capítulo 4. La holografía será tratada de nuevo en el capítulo 7. Parece que podríamos vivir en una 3-brana —una superficie cuadridimensional (tres dimensiones espaciales más una temporal)—, que es la frontera de una región de cinco dimensiones, con las restantes dimensiones enrolladas en una escala muy pequeña. El estado del universo en esa membrana codificaría lo que está pasando en la región de cinco dimensiones.

3

El universo en una cáscara de nuez

El universo tiene múltiples historias, cada una de ellas determinada por una diminuta nuez

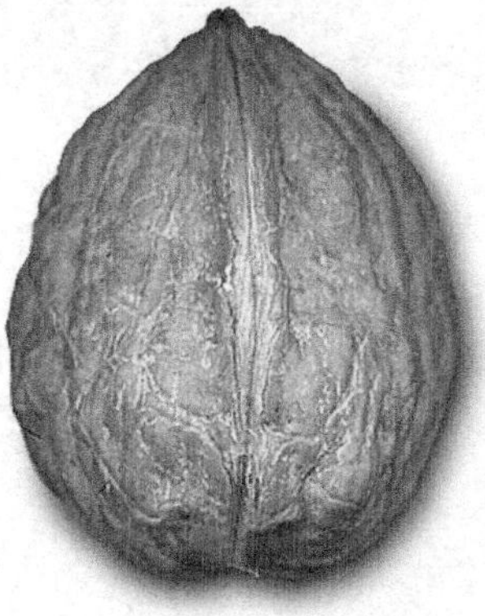

Podría estar encerrado en una cáscara de nuez
y sentirme rey de un espacio infinito...
SHAKESPEARE,
Hamlet, segundo acto, escena 2

Quizás Hamlet quería decir que, a pesar de que los humanos estemos físicamente muy limitados, nuestras mentes pueden explorar audazmente todo el universo y llegar incluso donde los protagonistas de *Star Trek* temerían ir, si las pesadillas nos lo permiten.

¿Es el universo realmente infinito o sólo es muy grande? Y, ¿es perdurable o sólo tendrá una vida muy larga? ¿Cómo podrían nuestras mentes finitas comprender un universo infini-

Izquierda: *En una misión de la lanzadera espacial se mejoraron las lentes y los espejos del telescopio espacial* Hubble. *Abajo se puede ver Australia.*

Derecha: *Prometeo, pintura de un vaso etrusco, siglo* VI *a.C.*

Galaxia espiral NGC 4414

Galaxia espiral con barras NGC 4314

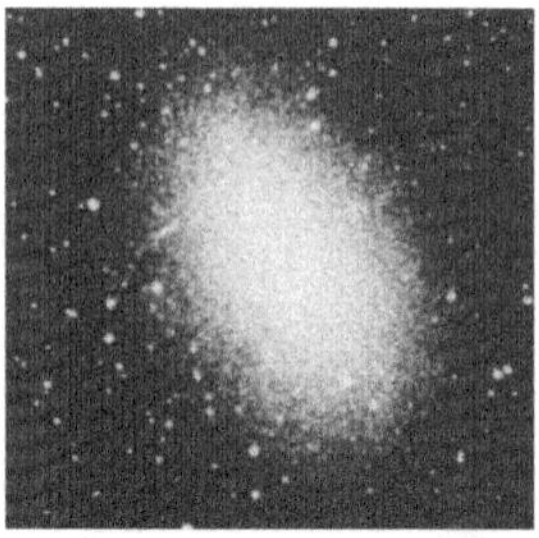

Galaxia elíptica NGC 147

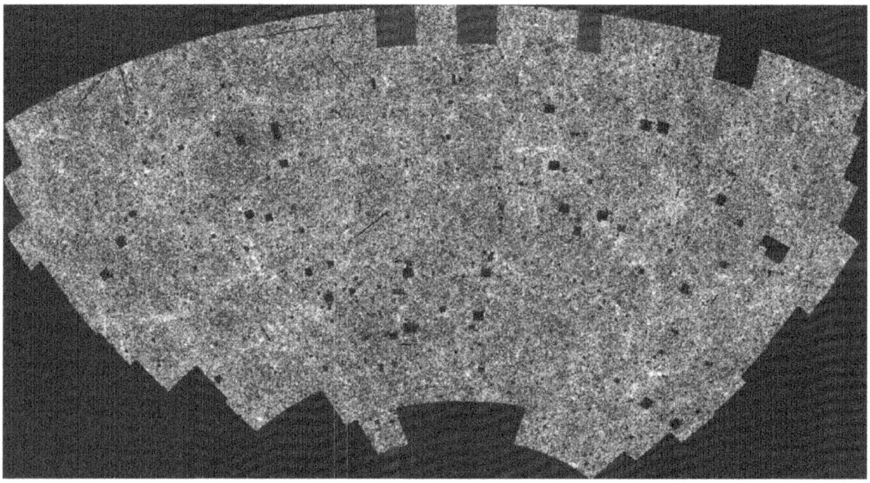

Fig. 3.1. Cuando observamos las profundidades del universo, vemos miles de millones de galaxias que pueden tener diversas formas y tamaños, pueden ser elípticas o espirales, como la Vía Láctea.

to? ¿No resulta presuntuoso hacernos siquiera este propósito? ¿Nos arriesgamos a sufrir el destino de Prometeo, que según la mitología clásica robó el fuego de Zeus para que lo utilizaran los humanos y fue castigado por esta temeridad a ser encadenado a una roca donde un águila venía a devorarle el hígado?

A pesar de todas estas precauciones, creo que podemos y debemos intentar comprender el universo. Ya hemos hecho notables progresos en la comprensión del cosmos, particularmente en los últimos pocos años. Aunque no tenemos una imagen completa, podría ser que ésta no estuviera lejana.

Resulta obvio que el espacio se prolonga indefinidamente. Ello ha sido confirmado por instrumentos modernos, como

Fig. 3.2. Nuestro planeta, la Tierra (E), orbita alrededor del Sol en la región exterior de la galaxia espiral Vía Láctea. El polvo estelar de los brazos espirales de ésta nos impide hacer observaciones en el plano de la galaxia, pero tenemos una visión clara a ambos lados de este plano.

el telescopio *Hubble*, que nos permite sondear las profundidades del espacio. Lo que vemos son miles de millones de galaxias de diversas formas y tamaños (véase la página 72, Fig. 3.1). Cada galaxia contiene incontables millones de estrellas, muchas de las cuales están rodeadas por planetas. Vivimos en un planeta que gira alrededor de una estrella en un brazo exterior de la galaxia espiral de la Vía Láctea. El polvo de los brazos espirales nos impide ver el universo en el plano de la galaxia, pero a cada lado de éste tenemos haces cónicos de líneas de buena visibilidad y podemos representar las posiciones de las galaxias (Fig. 3.2). Hallamos que éstas están distribuidas en el espacio de manera aproximadamente uniforme, con algunas concentraciones y vacíos locales. La densidad de galaxias parece decrecer a distancias muy grandes, pero creemos que ello se debe a que son tan lejanas y tenues que no las podemos observar. Por lo que sabemos, el universo se prolonga sin fin en el espacio (véase la página 84, Fig. 3.3).

Aunque el universo parece tener el mismo aspecto por doquier, cambia decididamente con el tiempo. Ello no fue ad-

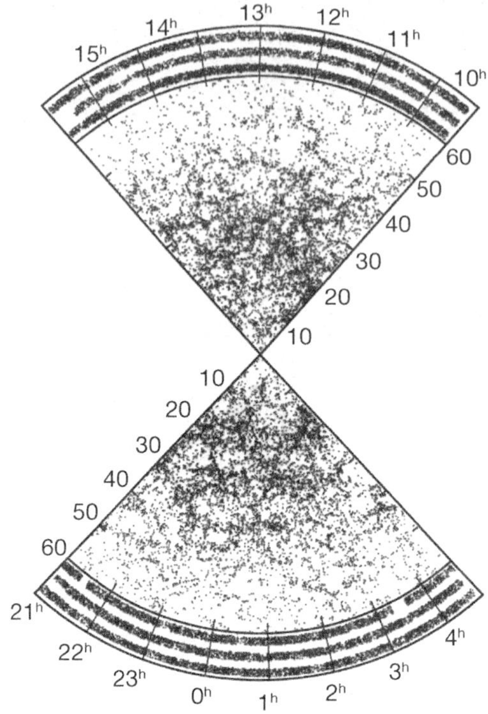

Fig. 3.3. Vemos que, aparte de algunas concentraciones locales, las galaxias están distribuidas de forma aproximadamente uniforme por todo el espacio.

vertido hasta los primeros años del siglo xx. Hasta entonces, se creía que el universo era esencialmente constante en el tiempo. Podría haber existido durante un tiempo infinito, pero ello parecía conducir a conclusiones absurdas. Si las estrellas hubieran estado radiando durante un tiempo infinito, habrían calentado todo el universo hasta su temperatura. Incluso de noche, todo el universo sería tan brillante como el Sol, porque cada línea de visión terminaría en una estrella o en una nube de polvo que habría sido calentada hasta la temperatura de las estrellas (Fig. 3.4).

La observación, tan familiar, de que el cielo nocturno es oscuro, es muy importante. Implica que el universo no puede haber existido siempre en el estado que lo vemos hoy. Algo debió de ocurrir, hace un tiempo finito, que encendiera las estrellas, lo cual significa que la luz de las estrellas muy dis-

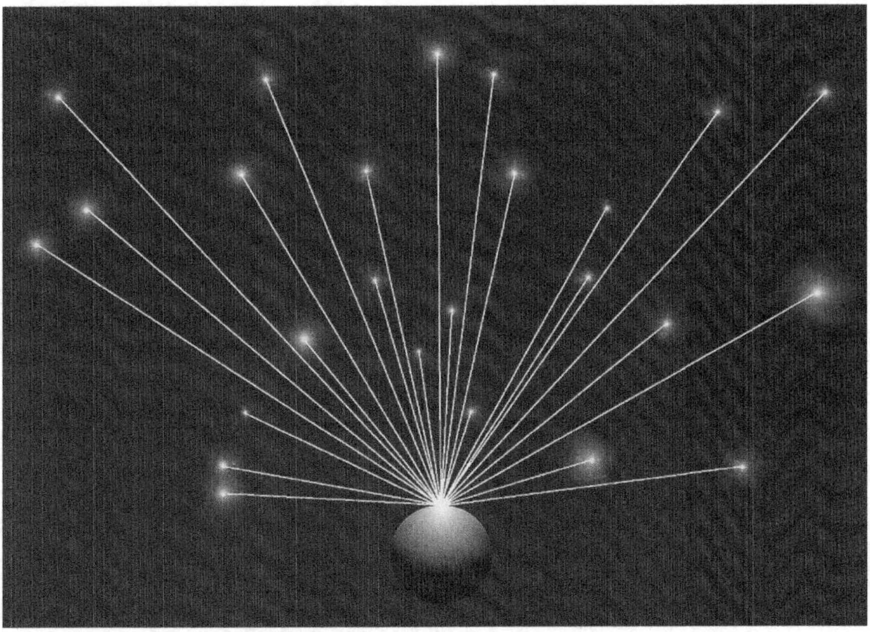

Fig. 3.4. Si el universo fuera estático e infinito en todas direcciones, cada línea de visión terminaría en una estrella, lo cual haría que el cielo nocturno fuera tan brillante como el Sol.

tantes todavía no ha tenido tiempo de llegarnos. Ello explicaría porqué el cielo no brilla en la noche en todas direcciones.

Si las estrellas hubieran estado siempre ahí, ¿por qué se encendieron de repente hace unos pocos miles de millones de años? ¿Qué reloj les dijo que se tenían que poner a brillar? Como hemos dicho, esto intrigó a muchos filósofos, como Immanuel Kant, que creían que el universo había existido siempre. Pero para la mayoría de la gente, ello resultaba consistente con la idea de que el universo había sido creado, más o menos en su estado actual, hace tan sólo unos pocos miles de años.

Sin embargo, las observaciones de Vesto Slipher y Edwin Hubble en la segunda década del siglo xx empezaron a desvelar discrepancias respecto de esta idea. En 1923, Hubble descubrió que muchas tenues manchas luminosas, llamadas «nebulosas», eran en realidad galaxias, grandes conjuntos de estrellas como el Sol pero a gran distancia de nosotros. Para

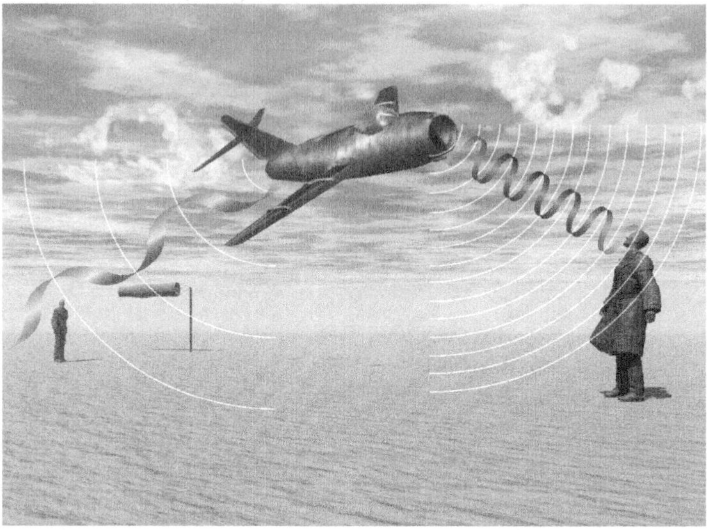

EFECTO DOPPLER

La relación entre velocidad y longitud de onda, conocida como efecto Doppler, es una experiencia cotidiana.

Escuchemos un avión que nos pasa por encima. Cuando se nos acerca, su motor suena más agudo; cuando ha pasado y desaparece, suena más grave.

El tono mayor corresponde a ondas acústicas de menor longitud de onda (la distancia entre crestas consecutivas de la onda) y de frecuencia más elevada (número de ondas por segundo).

Ello se debe a que cuando el avión se nos acerca, estará más próximo a nosotros al emitir la cresta siguiente, lo cual reducirá la distancia entre las crestas.

Análogamente, cuando el avión se aleja, la longitud de onda aumenta y el tono que percibimos baja.

que nos parezcan tan pequeñas y débiles, las distancias habían de ser tan grandes que la luz procedente de ellas habría tardado millones o incluso miles de millones de años en llegarnos. Ello indicaba que el comienzo del universo no podía haberse producido hace tan sólo unos pocos miles de años.

Pero la segunda cosa que Hubble descubrió aún resultaba más sorprendente. Los astrónomos habían aprendido que, mediante el análisis de la luz de las otras galaxias, podemos averiguar si éstas se están acercando o alejando (Fig. 3.5). Hallaron, estupefactos, que casi todas las galaxias se están alejando. Además, cuanto más lejos están, con mayor velocidad

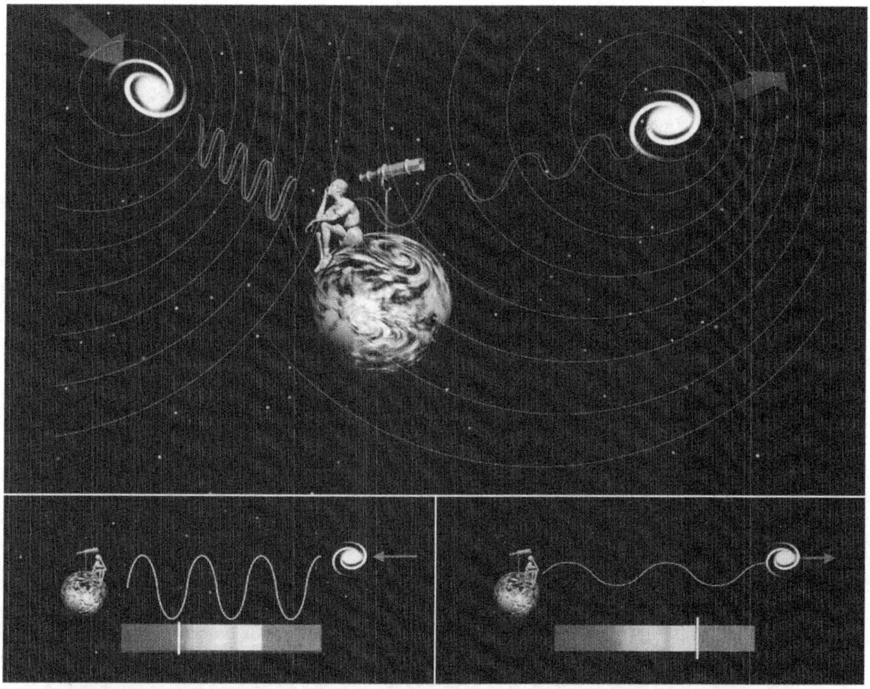

Fig. 3.5. El efecto Doppler también se satisface para las ondas luminosas. Si una galaxia se mantuviera a una distancia constante de la Tierra, las líneas características de su espectro aparecerían en ciertas posiciones normales o estándar. Pero si la galaxia se está separando de nosotros, las ondas parecerán alargadas o estiradas y las líneas características se desplazarán hacia el rojo (derecha). Si la galaxia se nos está aproximando, parecerá que las ondas estén comprimidas, y las líneas estarán desplazadas hacia el azul (izquierda).

parecen estar alejándose. Fue Hubble quien se dio cuenta de las implicaciones espectaculares de este descubrimiento: a gran escala, todas las galaxias se están alejando de todas las demás galaxias. El universo se está expandiendo (Fig. 3.6).

El descubrimiento de la expansión del universo fue una de las grandes revoluciones intelectuales del siglo xx. Constituyó una sorpresa radical y modificó completamente las discusiones sobre el origen del universo. Si las galaxias se están separando, debieron de estar más juntas en el pasado. A partir de la tasa actual de expansión, podemos evaluar que, efectivamente, estuvieron muy próximas las unas a las otras hace unos diez o

Nuestra galaxia vecina, Andrómeda, medida por Hubble y Slipher.

CRONOLOGÍA DE LOS DESCUBRIMIENTOS EFECTUADOS POR SLIPHER Y HUBBLE ENTRE 1910 Y 1930

1912 — Slipher mide la luz de cuatro nebulosas y ve que tres de ellas están desplazadas al rojo. Andrómeda está desplazada al azul. Su interpretación fue que Andrómeda se nos está acercando, en tanto que las otras tres galaxias se están alejando de nosotros.

1912-1914 — Slipher mide 12 nebulosas más. Todas, excepto una, están desplazadas al rojo.

1914 — Slipher presenta sus hallazgos a la American Astronomical Society. Hubble asiste a la presentación.

1918 — Hubble empieza a investigar las nebulosas.

1923 — Hubble determina que las nebulosas espirales (entre ellas Andrómeda) son galaxias.

1914-1925 — Slipher y otros siguen midiendo desplazamientos Doppler. Los resultados, en 1925, son 43 desplazamientos al rojo y 2 al azul.

1919 — Hubble y Milton Humason —tras seguir midiendo desplazamientos Doppler y hallar que, a gran escala, cada galaxia parece estar alejándose de todas las demás— anuncian su descubrimiento de que el universo se está expandiendo.

Edwin Hubble y el telescopio de 100 pulgadas de Monte Wilson.

Fig. 3.6. LEY DE HUBBLE
Al analizar la luz de otras galaxias en 1920, Edwin Hubble descubrió que prácticamente todas se están alejando de nosotros, con una velocidad V *que es proporcional a su distancia* R *a la Tierra, de manera que* V = H × R. *Esta importante observación, conocida como «ley de Hubble», estableció que el universo se está expandiendo y que* H, *la constante de Hubble, representa su tasa de expansión. La figura inferior muestra observaciones recientes del desplazamiento al rojo de las galaxias que confirman la ley de Hubble, hasta una gran distancia de nosotros. La ligera curvatura hacia arriba de la figura en la zona de grandes distancias indica que la expansión se está acelerando, lo cual podría ser debido a la energía del vacío.*

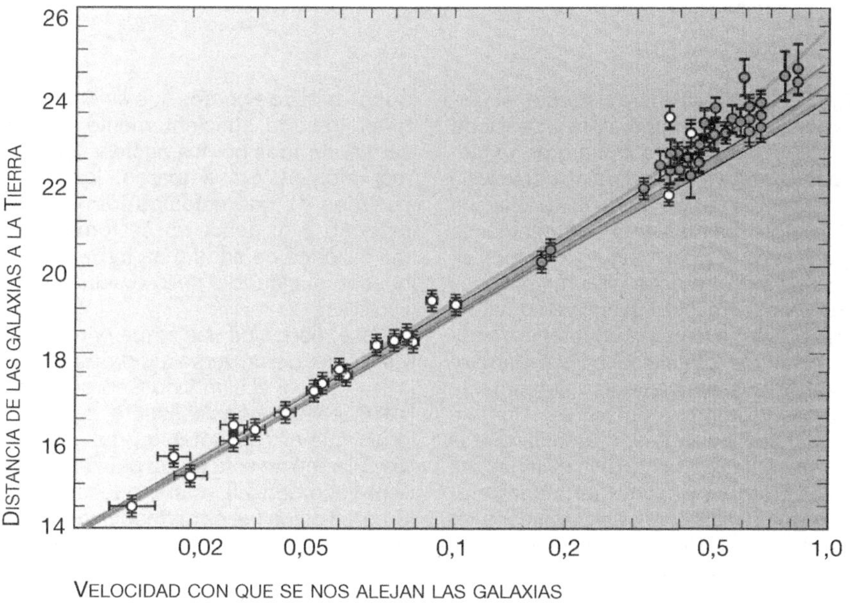

quince mil millones de años. Como dije en el capítulo anterior, Roger Penrose y yo conseguimos demostrar que la teoría general de la relatividad de Einstein implica que el universo debió de comenzar en una tremenda explosión. Aquí estaba la expli-

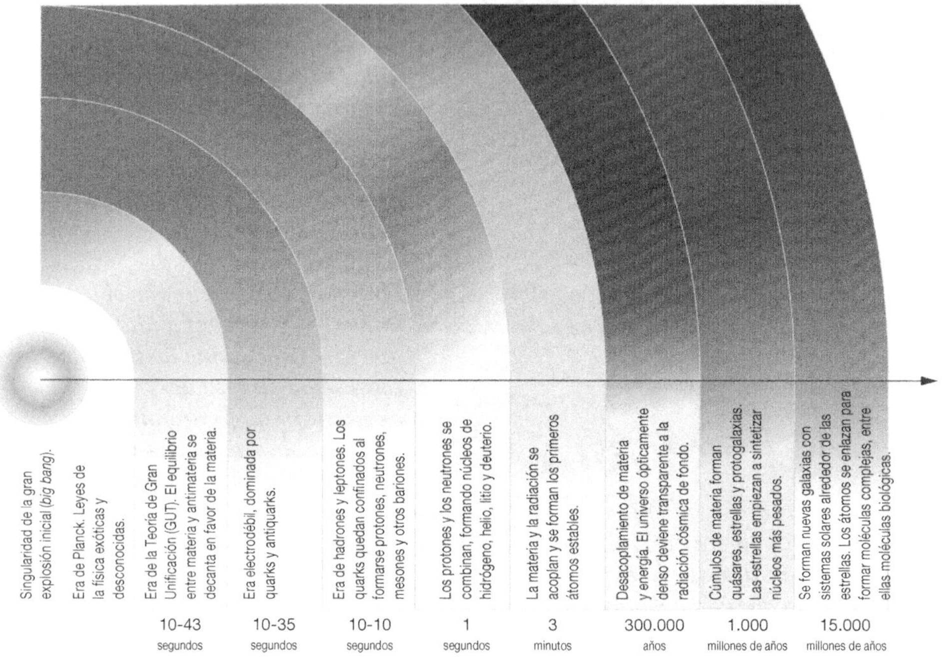

LA GRAN EXPLOSIÓN CALIENTE

Si la relatividad general fuera correcta, el universo empezaría con temperatura y densidad infinitas en la singularidad de la gran explosión inicial (*big bang*). A medida que el universo se expandía, la temperatura de la radiación disminuía. Aproximadamente una centésima de segundo tras la gran explosión, la temperatura habría sido de unos cien mil millones de grados, y el contenido del universo habría constado en su mayor parte de fotones, electrones y neutrinos (partículas extremadamente ligeras), y sus antipartículas, juntamente con algunos protones y neutrones. Durante los tres minutos siguientes, a medida que el universo se enfriaba hasta mil millones de grados, los protones y neutrones habrían empezado a combinarse, formando núcleos de helio, hidrógeno y otros elementos ligeros.

Centenares de miles de años después, cuando la temperatura hubo caído a unos pocos miles de grados, los electrones se habrían frenado suficientemente para poder ser capturados por los núcleos ligeros y formar átomos. Sin embargo, los elementos pesados de que estamos formados, como carbono y oxígeno, no se formarían hasta mil millones de años más tarde, en la combustión nuclear del helio en el centro de las estrellas.

Esta imagen de una etapa primitiva, densa y caliente, del universo fue propuesta por primera vez por el científico George Gamow en 1948, en un artículo escrito con Ralph Alpher, que hizo la notable predicción de que la radiación de esta etapa primitiva y muy caliente aún debería estar a nuestro alrededor. Su predicción fue confirmada en 1965, cuando los físicos Arno Penzias y Robert Wilson observaron la radiación cósmica del fondo de microondas.

cación de por qué el cielo nocturno es oscuro: ninguna estrella podría haber estado brillando más de diez o quince mil millones de años, el tiempo transcurrido desde la gran explosión.

Estamos acostumbrados a la idea de que los acontecimientos están causados por acontecimientos anteriores, los cuales, a su vez, están provocados por acontecimientos aún más anteriores. Esta cadena de causalidad se estira hasta el pasado infinito. Pero supongamos que esta cadena tuvo un comienzo. Admitamos que hubo un primer acontecimiento. ¿Cuál fue su causa? No es ésta una pregunta que muchos científicos quisieran tratar, sino que intentaban evitarla, ya fuera pretendiendo, como los rusos, que el universo no había tenido comienzo, o manteniendo que el origen del universo no pertenece al dominio de la ciencia, sino a la metafísica o la religión. En mi opinión, esta posición no debería ser adoptada por los verdaderos científicos. Si las leyes de la ciencia se suspendieran en el comienzo del universo, ¿no podrían fallar también en otras ocasiones? Una ley no es una ley si sólo se cumple a veces. *Debemos intentar comprender el comienzo del universo a partir de bases científicas. Puede que sea una tarea más allá de nuestras capacidades, pero al menos deberíamos intentarlo.*

Pese a que los teoremas que Penrose y yo habíamos demostrado indicaban que el universo debía haber tenido un comienzo, no suministraban mucha información sobre la naturaleza de ese inicio. Indicaban que el universo comenzó en una gran explosión, un punto en que todo el universo, y todo lo que contiene, estaba apretujado en un solo punto de densidad infinita. En dicho punto, la teoría general de la relatividad de Einstein debería dejar de ser válida, por lo cual no puede ser utilizada para averiguar cómo empezó el universo. Aparente-

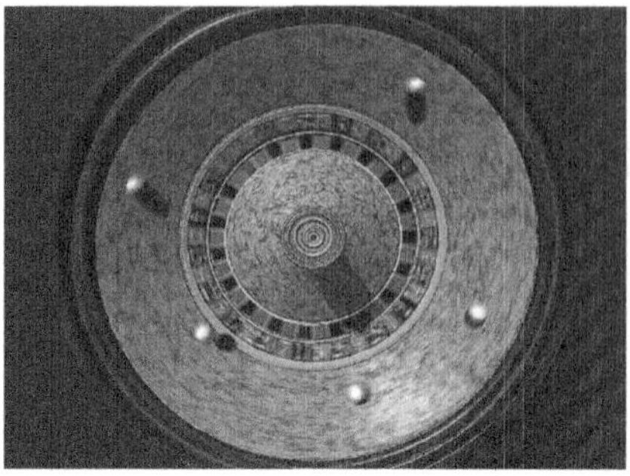

Fig. 3.7. (izquierda), *Fig. 3.8 (página opuesta). Si un jugador apuesta al rojo en un gran número de lanzamientos de dados, puede predecir con gran precisión sus ganancias, ya que los resultados de los diversos lanzamientos se promedian. En cambio, resulta imposible predecir el resultado de una apuesta particular.*

mente, el origen del universo queda más allá del alcance de la ciencia.

No es ésta una conclusión que deba alegrar a los científicos. Como se indica en los capítulos 1 y 2, la razón por la cual la relatividad general deja de valer cerca de la gran explosión es que no incorpora el principio de incertidumbre, el elemento aleatorio de la teoría cuántica que Einstein había rechazado desde la idea de que Dios no juega a los dados. Sin embargo, todas las evidencias indican que Dios es un jugador impenitente. Podemos considerar el universo como un gran casino, en que los dados son lanzados a cada instante y las ruletas giran sin cesar (Fig. 3.7). Podemos pensar que regentar un casino es un negocio muy arriesgado, porque nos exponemos a perder dinero cada vez que se lanzan los dados o la ruleta se pone a girar. Pero en un número grande de apuestas, las ganancias y las pérdidas dan como promedio un resultado que *puede* ser predicho, aunque no lo pueda ser el resultado de cada apuesta particular (Fig. 3.8). Los propietarios de los casinos se aseguran de que la suerte se promedie a su favor. Por esto son tan ricos. La única posibilidad de ganarles es apostar contra ellos todo el dinero en unos pocos lanzamientos de dados o vueltas de la ruleta.

Lo mismo ocurre con el universo. Cuando éste es grande, como en la actualidad, hay un número muy elevado de lanzamientos de dados, y los resultados se promedian a algo que podemos predecir. Por esto las leyes clásicas funcionan en los sistemas grandes. Pero cuando el universo es muy pequeño, como lo era en los tiempos próximos a la gran explosión,

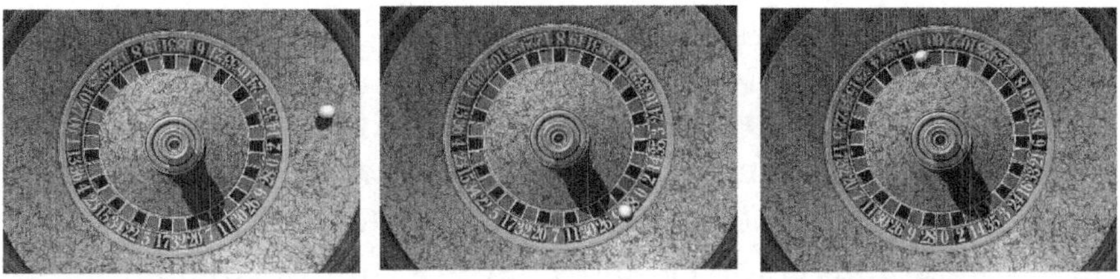

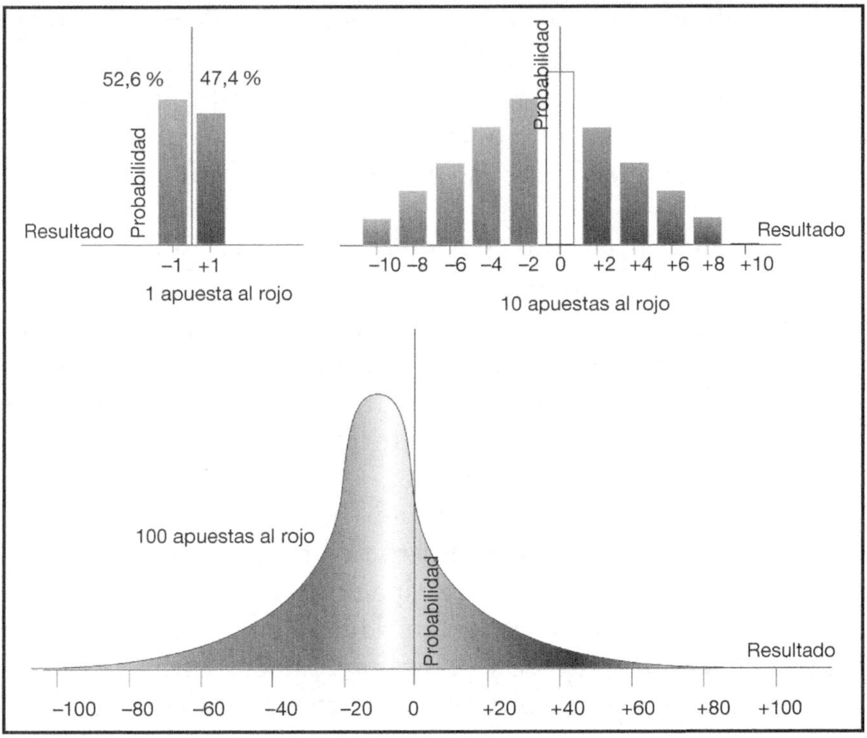

sólo hay un pequeño número de lanzamientos de dados y el principio de incertidumbre resulta muy importante.

Como el universo va lanzando los dados para ver qué pasará a continuación, no tiene una sola historia, como se podría esperar, sino que debe tener todas las historias posibles, cada una de ellas con su propia probabilidad. Debe haber una historia del universo en que Belice ganara todas las medallas de oro en los Juegos Olímpicos, aunque quizás la probabilidad de ello sea muy baja.

La idea de que el universo tiene múltiples historias puede sonar a ciencia ficción, pero actualmente es aceptada como un hecho científico. Fue formulada por Richard Feynman, que era un gran físico y todo un personaje.

Ahora trabajamos para combinar la teoría general de la relatividad de Einstein y la idea de Feynman de las historias múltiples en una teoría unificada que describa todo lo que ocurre en el universo. Tal teoría nos permitirá calcular cómo se desarrollará el universo si conocemos cómo empezaron las historias. Pero la teoría unificada no nos dice cómo empezó el universo ni cuál fue su estado inicial. Para ello, necesitamos lo que se llama «condiciones de contorno», reglas que nos dicen qué ocurre en las fronteras del universo, los bordes del espacio y el tiempo.

Si la frontera del universo fuera un simple punto normal del espacio y el tiempo, podríamos atravesarlo y pretender que el territorio más allá de él también forma parte del universo. En cambio, si el contorno del universo fuera un borde muy irregular en que espacio y tiempo estuvieran apretujados y la densidad fuera infinita, resultaría muy difícil definir condiciones de contorno razonables.

Sin embargo, un colega llamado Jim Hartle y yo nos dimos cuenta de que hay una tercera posibilidad. Quizás el universo no tenga fronteras en el espacio ni en el tiempo. A primera vista, ello parece entrar en flagrante contradicción con los teoremas que Penrose y yo habíamos demostrado, que indicaban que el universo debe haber tenido un comienzo, es decir, una frontera en el tiempo. Pero, como expliqué en el capítulo 2, hay otro tipo de tiempo, llamado «tiempo imaginario», que es ortogonal al tiempo real ordinario que sentimos pasar. La historia del universo en el tiempo real determina su historia en el tiempo imaginario, y viceversa, pero los dos tipos de historia pueden ser muy diferentes. En particular, en el tiempo imaginario no es necesario que el universo haya tenido un comienzo. El tiempo imaginario se comporta como otra dirección espacial más. Así, las historias del universo en el tiempo imaginario pueden ser representadas como superficies curvadas, como por ejemplo una pelota, un plano o una silla de montar, pero con cuatro dimensiones en lugar de dos (véase la página 97, Fig. 3.9).

Si las historias del universo se prolongaran hasta el infinito, como una silla de montar o un plano, se nos plantearía el problema de especificar cuáles son sus condiciones de contorno en el infinito. Pero podemos evitar tener que especificar ninguna condición de contorno si las historias del universo en tiempo imaginario son superficies cerradas, como la superficie de la Tierra. La superficie terrestre no tiene fronteras ni bordes. No hay noticias fiables de personas que hayan caído de la Tierra.

Si las historias del universo en tiempo imaginario son efectivamente superficies cerradas, tal como Hartle y yo hemos propuesto, ello podría tener consecuencias fundamentales para la filosofía y para nuestra imagen de dónde venimos. El universo estaría completamente autocontenido; no necesita-

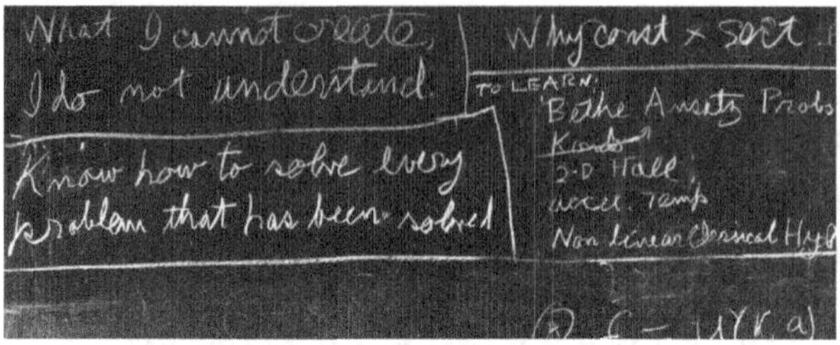

La pizarra del Caltech, en el momento de la muerte de Feynman en 1988.

Richard Feynman.

HISTORIAS DE FEYNMAN

Nacido en Brooklyn, Nueva York, en 1918, Richard Feynman completó su doctorado (Ph. D.) con John Wheeler en la Universidad de Princeton, en 1942. Poco después, fue enrolado en el Proyecto Manhattan. Allí se dio a conocer tanto por su personalidad exuberante y sus bromas prácticas —en Los Alamos se divertía abriendo las cajas fuertes que contenían secretos militares— y por ser un físico excepcional; efectuó contribuciones decisivas a la teoría de la bomba atómica. La curiosidad perpetua de Feynman sobre cualquier cosa estaba en la raíz misma de su idiosincrasia. No sólo fue el motor de su éxito científico, sino que le condujo a muchos éxitos sorprendentes, como el descifrar los jeroglíficos mayas.

En los años posteriores a la segunda guerra mundial, Feynman halló una manera nueva y poderosa de pensar la mecánica cuántica, por la cual fue galardonado con el premio Nobel de física de 1965. Desafió la hipótesis clásica de que cada partícula tiene una historia particular y sugirió, en cambio, que las partículas se desplazan de un sitio a otro a lo largo de cada trayectoria posible en el espacio-tiempo. A cada trayectoria, Feynman le asoció dos números, uno para el tamaño —la amplitud— de la onda y otro para su fase —si corresponde a una cresta o a un valle—. La probabilidad de que una partícula vaya de A a B se halla sumando las ondas asociadas con cada posible camino que pasa por A y B.

Sin embargo, en el mundo cotidiano nos parece que los objetos siguen un solo camino entre su origen y su destino. Ello concuerda con la idea de Feynman de múltiples historias, porque para los objetos grandes su regla de asignación de números a las trayectorias asegura que todas menos una se cancelan al combinar sus contribuciones. En lo que respecta al movimiento de los objetos macroscópicos, sólo subsiste uno de los infinitos caminos posibles y éste es precisamente el que emerge de las leyes clásicas de Newton del movimiento.

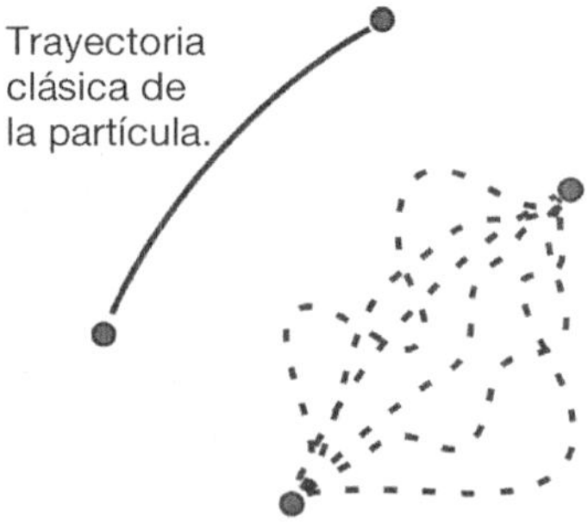

En la integral de caminos de Feynman, una partícula sigue todas las trayectorias posibles.

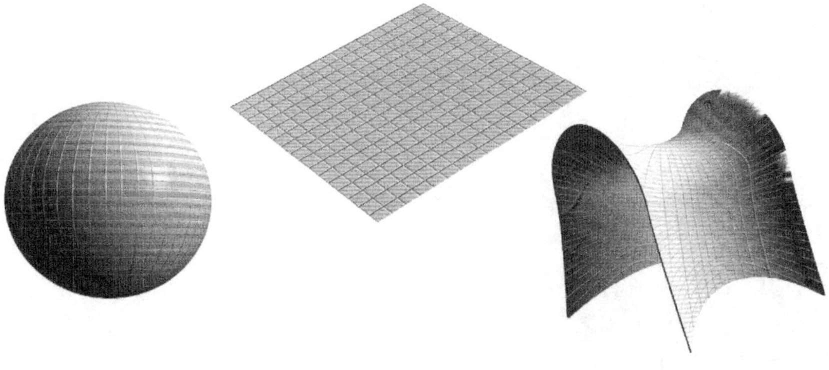

Fig. 3.9. HISTORIAS DEL UNIVERSO
Si las historias del universo llegaran hasta el infinito, como en un plano o una silla de montar, habría el problema de especificar las condiciones de contorno en el infinito. Si todas las historias del universo en el tiempo imaginario son superficies cerradas, como la superficie de la Tierra, no es necesario especificar ninguna condición de contorno.

LEYES DE EVOLUCIÓN Y CONDICIONES INICIALES

Las leyes de la física prescriben cómo un estado inicial evoluciona con el tiempo. Por ejemplo, si lanzamos al aire una piedra, las leyes de la gravedad gobiernan con precisión su movimiento posterior.

Pero no podemos predecir dónde caerá la piedra a partir sólo de esas leyes. Para ello, también debemos conocer su velocidad y dirección en el momento en que sale de la mano. En otras palabras, debemos conocer las condiciones iniciales —las condiciones de contorno— del movimiento de la piedra.

La cosmología intenta describir la evolución del conjunto del universo mediante las leyes de la física. Por lo tanto, debemos preguntarnos cuáles fueron las condiciones iniciales del universo a las que deberíamos aplicar estas leyes.

El estado inicial podría tener un impacto profundo sobre las características básicas del universo, quizás incluso en las propiedades de las partículas elementales y de las fuerzas que han resultado cruciales en el desarrollo de la vida.

Una propuesta es la condición de ausencia de contornos, según la cual el tiempo y el espacio son finitos, y forman una superficie cerrada y sin fronteras, así como la superficie de la Tierra es finita pero no tiene bordes. La propuesta de ausencia de contornos se basa en la idea de múltiples historias de Feynman, pero la historia de una partícula en la suma de Feynman es reemplazada por un espacio-tiempo completo que representa la historia de todo el universo. La condición de «no-contorno» es precisamente la restricción de las posibles historias del universo a aquellos espacio-tiempos que, en el tiempo imaginario, carecen de contornos. En otras palabras, la condición de contorno del universo es que no tiene contornos.

Los cosmólogos están investigando actualmente si las condiciones iniciales que resultan favorecidas por la propuesta de ausencia de contornos conjuntamente, quizás, con argumentos antrópicos débiles, parecen evolucionar hacia un universo como el que observamos.

La superficie terrestre no tiene bordes ni fronteras. Las noticias sobre gente que ha caído de la Tierra parecen exageradas.

ría nada fuera de sí para darle cuerda y poner en marcha sus mecanismos, sino que, en él, todo estaría determinado por las leyes de la ciencia y por lanzamientos de dados dentro del universo. Puede parecer presuntuoso, pero es lo que yo y muchos otros científicos creemos.

Incluso si la condición de contorno del universo es la ausencia de contornos, el universo no tendría una sola historia, sino múltiples, como había sugerido Feynman. En tiempo imaginario, a cada posible superficie cerrada le correspondería una historia, y cada historia en el tiempo imaginario determinaría una historia en el tiempo real. Habría, pues, una superabundancia de posibilidades para el universo. ¿Qué selecciona, de entre todos los universos posibles, el universo particular en que vivimos? Podemos constatar que muchas de las posibles historias del universo no pasan por la secuencia de formar galaxias y estrellas, que resulta tan esencial para nuestro desarrollo. Aunque podría ser que se desarrollasen seres inteligentes incluso en

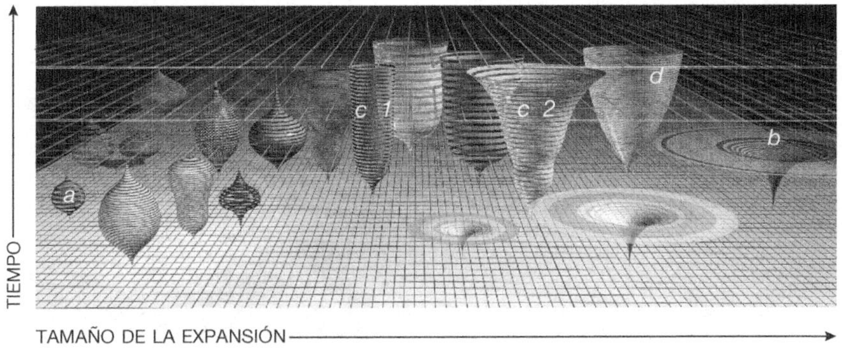

EL PRINCIPIO ANTRÓPICO

En términos aproximados, el principio antrópico afirma que vemos el universo tal como es, al menos en parte, porque existimos. Esta perspectiva es diametralmente opuesta al sueño de una teoría unificada totalmente predictiva, en que las leyes de la naturaleza son completas y el mundo es como es porque no podría ser de otra manera. Hay diversas versiones diferentes del principio antrópico, que van desde las tan débiles que son triviales hasta las tan fuertes que resultan absurdas. Aunque la mayoría de científicos se resisten a adoptar una versión fuerte del principio antrópico, pocos objetarían la utilidad de algunos argumentos antrópicos débiles.

El principio antrópico débil viene a ser una explicación de cuáles de las posibles eras o regiones del universo podríamos habitar. Por ejemplo, el que la gran explosión se produjera hace unos diez mil millones de años se debe a que el universo tiene que ser suficientemente viejo para que algunas estrellas hayan completado su evolución para producir elementos como el oxígeno y el carbono, de los cuales estamos formados, y suficientemente joven para que todavía queden estrellas que suministren energía y mantengan la vida.

En el marco de la propuesta de ausencia de contornos, podemos utilizar la regla de Feynman de asignación de números a cada historia del universo para hallar qué propiedades debemos esperar que éste presente. En este contexto, el principio antrópico se formula requiriendo que las historias contengan vida inteligente. Naturalmente, el principio antrópico nos resultaría más satisfactorio si pudiéramos demostrar que muchas configuraciones iniciales diferentes han de haber evolucionado hasta producir un universo como el que observamos. Ello implicaría que el estado inicial de la región del universo en que habitamos no tendría que haber sido seleccionado con especial cuidado.

Fig. 3.10. Hacia la izquierda de la ilustración están los universos cerrados (a) *que se colapsan sobre sí mismos. Hacia la derecha, los universos abiertos* (b) *que se seguirán expandiendo indefinidamente. Los universos críticos que están justo entre los que vuelven a colapsarse y los que siguen expandiéndose, como* (c1), *o la doble inflación de* (c2) *pueden albergar vida inteligente. Nuestro propio universo* (d) *se seguirá expandiéndose, por ahora.*

ausencia de galaxias y estrellas, ello parece muy improbable. Así, el mismo hecho de que existamos como seres capaces de preguntarse «¿Por qué el universo es como es?» ya constituye una restricción sobre la historia en que vivimos.

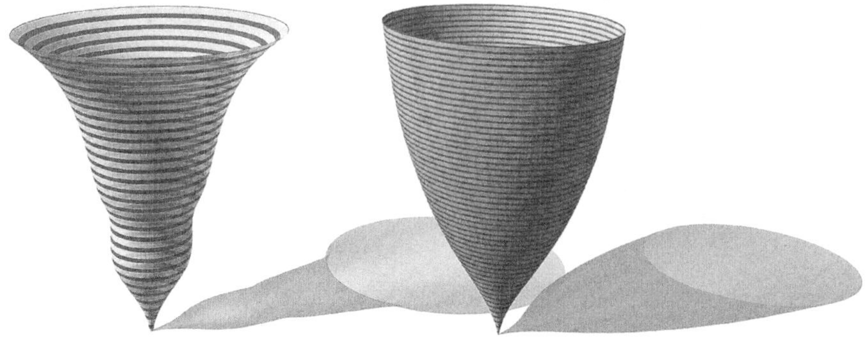

La doble inflación podría albergar vida inteligente.

Nuestro universo continúa expandiéndose, por ahora.

Esto implica que nuestro universo pertenece a la minoría de historias que contienen galaxias y estrellas, lo cual es un ejemplo de lo que se conoce como «principio antrópico». Este principio afirma que el universo debe ser más o menos como lo vemos, porque si fuera diferente, no existiría nadie para observarlo (Fig. 3.10). A muchos científicos les desagrada el principio antrópico, porque tiene aspecto muy impreciso y parece carecer de poder predictivo. Pero es posible darle una formulación precisa, y parece resultar esencial en el análisis del origen del universo. La teoría M, descrita en el capítulo 2, permite un número muy grande de posibles historias del universo. La mayoría de ellas no resultan adecuadas para el desarrollo de vida inteligente: o bien corresponden a universos vacíos, o duran demasiado poco tiempo, o están demasiado curvadas, o resultan insatisfactorias en un sentido u otro. Pese a ello, según la idea de Richard Feynman de múltiples historias, estas historias deshabitadas pueden tener una probabilidad considerablemente elevada (véase la página 97).

De hecho, no nos importa realmente cuántas historias pueda haber que no contengan seres inteligentes. Sólo estamos interesados en el subconjunto de historias en que se desarrolle vida inteligente. Ésta no tiene por qué ser parecida a los humanos: pe-

Fig. 3.11. Vista a distancia, una paja de beber parece una línea unidimensional.

queños extraterrestres verdes servirían igualmente. La especie humana no brilla demasiado por su conducta inteligente.

Como ejemplo del poder del principio antrópico, consideremos el número de direcciones en el espacio. Es un hecho de experiencia común que vivimos en un espacio tridimensional. Es decir, podemos representar la posición de un punto en el espacio mediante tres números, por ejemplo latitud, longitud y altura sobre el nivel del mar. Pero, ¿por qué el espacio es tridimensional? ¿Por qué no tiene dos dimensiones, o cuatro, o cualquier otro número, tal como en la ciencia ficción? En la teoría M, el espacio tiene nueve o diez dimensiones, pero se cree que seis o siete de ellas están enrolladas con radios de curvatura muy pequeños, y sólo quedan tres dimensiones grandes y relativamente planas (Fig. 3.11).

Fig. 3.12A

¿Por qué no vivimos en una historia en que ocho de las dimensiones estén enrolladas en radios muy pequeños, y haya tan sólo dos dimensiones observables? A un animal bidimensional le resultaría muy difícil la digestión. Si lo atravesara un tubo digestivo, lo dividiría en dos y la pobre criatura caería en pedazos. Por lo tanto, dos dimensiones planas no bastan para algo tan complejo como la vida inteligente. Por otro lado, si hubiera cuatro o más dimensiones aproximadamente planas, la fuerza gravitatoria entre dos cuerpos crecería más rápidamente cuando se aproximaran entre sí. Ello significaría que los planetas no tendrían órbitas estables alrededor de sus soles: o bien caerían hacia el Sol (Fig. 3.12A) o bien se escaparían a la oscuridad y el frío exteriores (Fig. 3.12B).

Análogamente, tampoco serían estables las órbitas de los electrones en los átomos, de manera que no existiría la materia tal como la conocemos. Así pues, aunque la idea de múltiples historias admite en principio cualquier número de dimensiones relativamente planas, sólo las historias con tres de estas dimensiones podrán contener seres inteligentes. Sólo en tales historias será formulada la pregunta de «¿Por qué el espacio tiene tres dimensiones?».

La historia más sencilla del universo en tiempo imaginario es una esfera lisa, como la superficie de la Tierra, pero con dos dimensiones más (Fig. 3.13). Ésta determina en el tiempo

Fig. 3.12B

real una historia del universo, en la cual éste es homogéneo y se expande con el tiempo. En estos aspectos, se comporta como el universo en que vivimos, pero su tasa de expansión es muy rápida, y cada vez se acelera más. La expansión acelerada se denomina inflación, porque se parece al crecimiento cada vez más rápido de los precios en algunas épocas.

Generalmente se considera que la inflación de los precios es indeseable, pero en el caso del universo la inflación resulta muy beneficiosa. La gran expansión suaviza las irregularida-

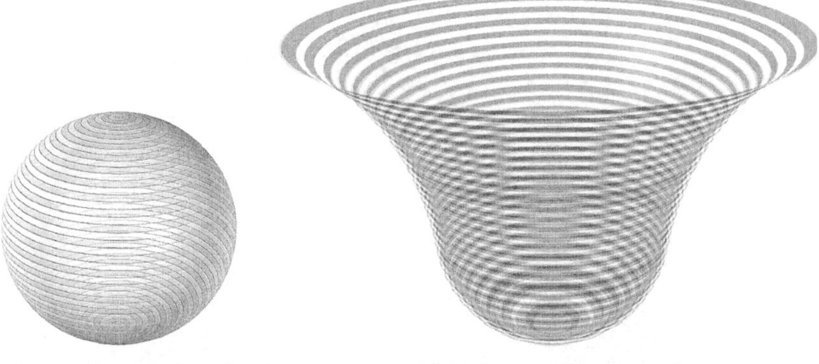

Fig. 3.13. En el tiempo imaginario, la historia sin contornos más sencilla es una esfera. Ésta determina en el tiempo real una historia correspondiente a una expansión inflacionaria.

des que pueda haber habido en el universo primitivo. A medida que el universo se expande, toma prestada energía del campo gravitatorio para crear más materia. La energía positiva de la materia es cancelada exactamente por la energía negativa de la gravitación, de manera que la energía total es nula. Cuando el tamaño del universo se duplica, las energías de la materia y de la gravitación se duplican; pero dos por cero sigue siendo cero. ¡Ojalá el mundo de las finanzas resultara tan sencillo! (Fig. 3.14).

Si la historia del universo en tiempo imaginario fuera una esfera perfectamente redonda, la historia correspondiente en tiempo real sería un universo que se seguiría expandiendo indefinidamente de manera inflacionaria. Mientras el universo se expande de forma inflacionaria, la materia no puede aglomerarse para formar galaxias y estrellas y, por lo tanto, no podría desarrollarse vida, ni mucho menos vida inteligente tal como la conocemos. Así pues, aunque en el tiempo imaginario las historias del universo correspondientes a esferas perfectamente

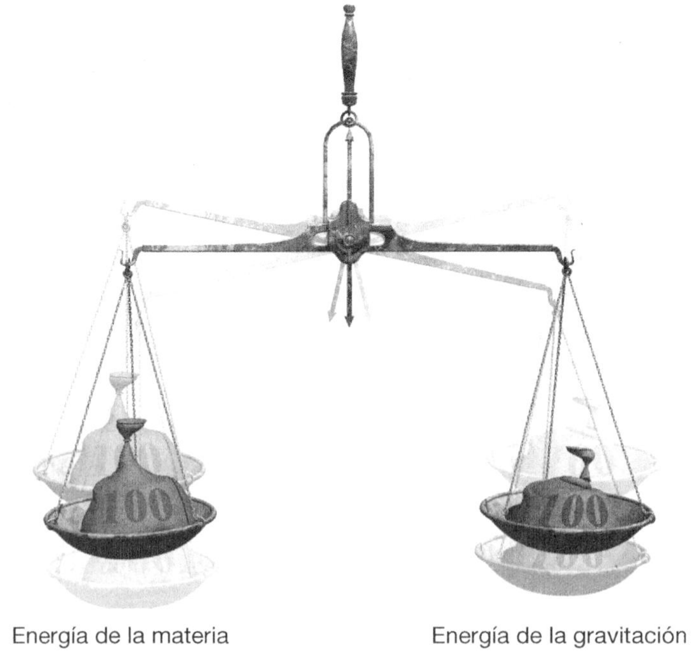

Fig. 3.14

redondas son permitidas por la noción de múltiples historias, no resultan excesivamente interesantes. En cambio, las historias en tiempo imaginario que son como esferas ligeramente aplanadas en el polo Sur son mucho más relevantes (Fig. 3.15).

En este caso, la historia correspondiente en tiempo real se expandiría al principio de manera acelerada, inflacionaria. Pero después la expansión comenzaría a frenarse, y se po-

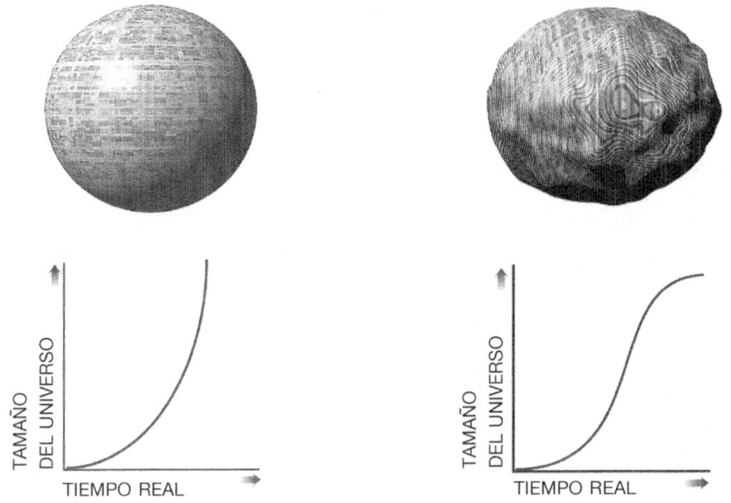

En el modelo de la gran explosión caliente, no hubo tiempo suficiente para que el calor fluyera de una región a otra del universo primitivo. Sin embargo, vemos que sea cual sea la dirección en que observamos, la temperatura de la radiación del fondo de microondas es la misma. Ello significa que el estado inicial del universo debe de haber tenido exactamente la misma temperatura por doquier.

En un intento de formular un modelo en que muchas configuraciones iniciales diferentes pudieran haber evolucionado hacia algo parecido al universo actual, se sugirió que el universo primitivo podría haber atravesado un período de expansión muy rápida. Esta expansión se califica de inflacionaria, lo cual quiere decir que tiene lugar con un ritmo cada vez mayor, en vez del ritmo de expansión decreciente que observamos en la actualidad. Dicha fase inflacionaria podría suministrar una explicación al problema de por qué el universo tiene el mismo aspecto en cualquier dirección, ya que la luz habría tenido tiempo suficiente para viajar de una región a otra del universo primitivo.

En el tiempo imaginario, la historia correspondiente a un universo que se expande indefinidamente de manera inflacionaria sería una esfera perfectamente redonda. Pero en nuestro universo, la expansión inflacionaria se fue frenando tras una fracción de segundo, y se pudieron formar las galaxias. En el tiempo imaginario, la historia correspondiente de nuestro universo sería una esfera ligeramente aplanada en el polo Sur.

Fig. 3.15. EL UNIVERSO INFLACIONARIO

ÍNDICE DE PRECIOS AL CONSUMO - INFLACIÓN E HIPERINFLACIÓN

Julio de 1914	1,0
Enero de 1919	2,6
Julio de 1919	3,4
Enero de 1920	12,6
Enero de 1921	14,4
Julio de 1921	14,3
Enero de 1922	**36,7**
Julio de 1922	**100,6**
Enero de 1923	**2.785,0**
Julio de 1923	**194.000,0**
Noviembre 1923	**726.000.000.000,0**

Un marco alemán de 1914

Diez mil marcos de 1923

Dos millones de marcos de 1923

Diez millones de marcos de 1923

Mil millones de marcos de 1923

Fig. 3.16. LA INFLACIÓN PODRÍA SER UNA LEY DE LA NATURALEZA
Tras la primera guerra mundial, se produjo en Alemania una gran inflación, de manera que en febrero de 1920 los precios quintuplicaban los de 1918. En julio de 1922, empezó la fase de hiperinflación. Se desvaneció toda confianza en la moneda y el índice de precios subió cada vez más rápido durante quince meses, superando la capacidad de las imprentas, que no alcanzaban a producir moneda al ritmo a que ésta se depreciaba. A finales de 1923, 300 molinos papeleros trabajaban a todo gas y 150 compañías tenían 2000 prensas en marcha día y noche para imprimir billetes.

drían formar galaxias. Para que se pudiera desarrollar vida inteligente, el aplanamiento en el polo Sur debería ser muy ligero. Ello significaría que inicialmente el universo se expandiría mucho. El nivel récord de inflación monetaria tuvo lugar en Alemania entre las guerras mundiales, cuando los precios subieron miles de millones de veces. Pero la magnitud de la inflación que debe de haber habido en el universo es al menos mil billones de billones de veces esta cantidad (Fig. 3.16).

Debido al principio de incertidumbre, no habría sólo una historia del universo que contuviera vida inteligente, sino que tales historias constituirían, en el tiempo imaginario, una familia completa de esferas ligeramente deformadas, cada una

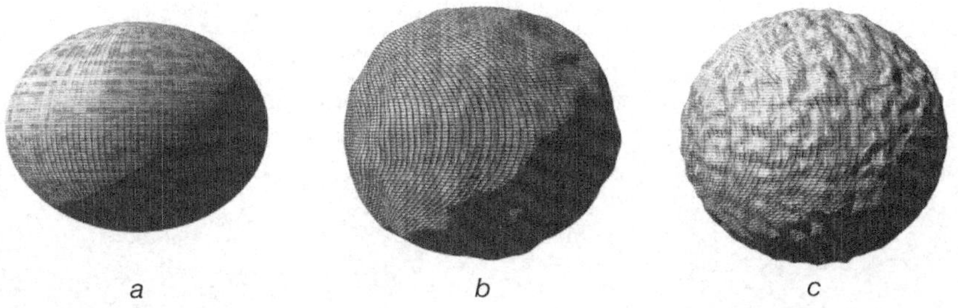

Fig. 3.17. HISTORIAS PROBABLES E IMPROBABLES
Las historias lisas como (a) *son las más probables, pero sólo hay un número muy pequeño de ellas. Aunque las historias ligeramente irregulares* (b) *y* (c) *son menos probables, son tan numerosas que lo más probable es que las historias del universo se aparten ligeramente de las formas perfectamente lisas.*

de las cuales correspondería en el tiempo real a una historia en que el universo se expande de manera inflacionaria durante un tiempo largo pero no indefinidamente. Nos podemos preguntar cuáles de estas historias permitidas son las más probables. Resulta que las más probables no son las historias completamente lisas, sino las que tienen ligeras protuberancias y depresiones (Fig. 3.17). Las arrugas en las historias más probables son minúsculas: corresponden a perturbaciones de

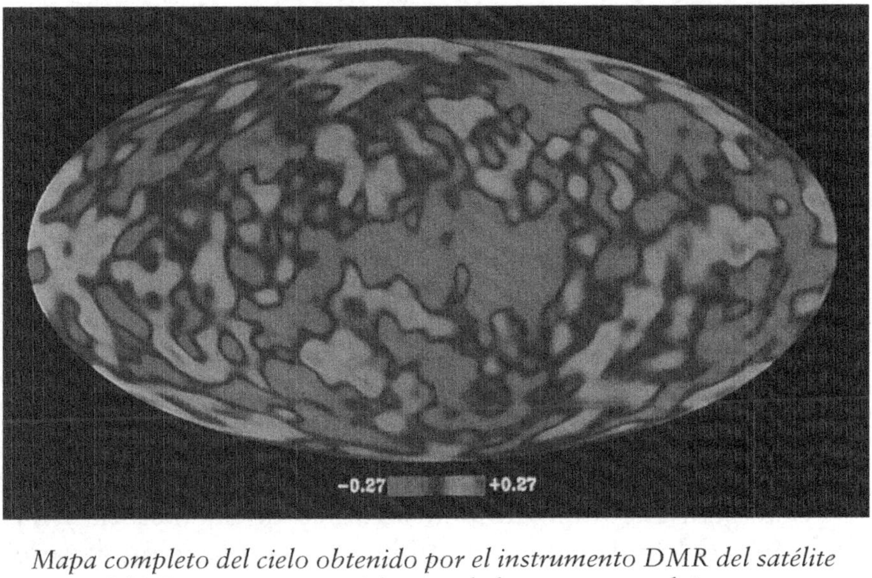

Mapa completo del cielo obtenido por el instrumento DMR del satélite COBE, que muestra evidencias de las arrugas en el tiempo.

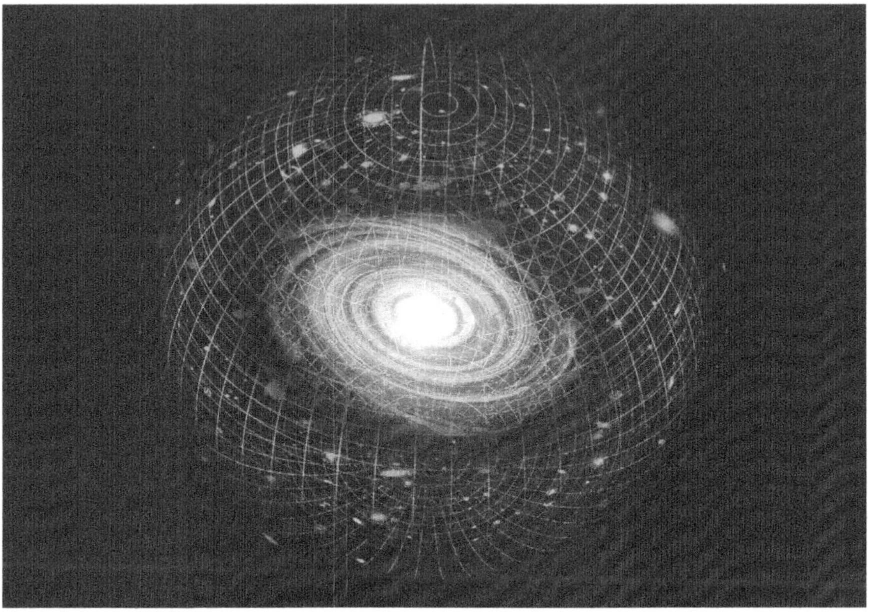

Fig. 3.18. Un posible final del universo es la gran implosión (big crunch) *en que toda la materia sería succionada cataclísmicamente en un inmenso pozo gravitatorio.*

aproximadamente una parte en cien mil. Sin embargo, aunque son tan pequeñas, hemos conseguido observarlas como pequeñas variaciones en las microondas procedentes de diferentes direcciones del espacio. El satélite COBE (*Cosmic Background Explorer*), lanzado en 1989, consiguió cartografiar el contenido de microondas del firmamento.

Los diferentes colores indican diferentes temperaturas, pero el intervalo total del rojo al azul corresponde tan sólo a una diezmilésima de grado. Aun así, esta variación entre las diferentes regiones del universo primitivo es suficiente para que la atracción gravitatoria adicional de las regiones más densas consiga detener su expansión y las haga colapsar de nuevo bajo su propia gravedad para formar galaxias y estrellas. Así pues, al menos en principio, el mapa del COBE es como el plano de todas las estructuras del universo.

¿Cuál será el comportamiento futuro de las historias más probables del universo compatibles con la aparición de seres inteligentes? Parece haber varias posibilidades, según la can-

Fig. 3.19. El largo y helado suspiro en que todo se consume y las últimas estrellas se están apagando, tras haber agotado su combustible.

tidad de materia en el universo. Si ésta supera un cierto valor crítico, la atracción gravitatoria entre las galaxias las irá frenando hasta detenerlas. Entonces, empezarán a caer de nuevo las unas hacia las otras y chocarán con un gran crujido (*big crunch*) que será el fin de la historia del universo en tiempo real (véase la página 108, Fig. 3.18).

Si la densidad del universo es inferior al valor crítico, la gravedad es demasiado débil para detener la separación de las galaxias. Todas las estrellas se consumirán, y el universo será cada vez más frío y vacío. Así, de nuevo, todo llegará a un final, pero de una manera menos espectacular. De cualquier modo, el universo tiene aún unos cuantos miles de millones de años por delante (Fig. 3.19).

Además de la materia, el universo puede contener lo que se llama «energía del vacío», energía que está presente incluso en un espacio aparentemente vacío. Según la famosa ecuación de Einstein, $E = mc^2$, esta energía de vacío tiene masa. Ello significa que ejerce un efecto gravitorio sobre la expansión del universo. Pero, curiosamente, el efecto de la energía del vacío es opuesto al de la materia. Ésta hace que la expansión se vaya frenando y puede llegar a detenerla e invertirla. En cambio, la energía del vacío hace que la expansión se acelere, como ocurre en la inflación. De hecho, la energía del vacío actúa como la constante cosmológica mencionada en el capítulo 1, que Einstein añadió a sus ecuaciones originales en 1917, cuando cayó en la cuenta de que no admitían ninguna solución que representara un universo estático. Tras el descubrimento de Hubble de la expansión del universo, esta motivación para añadir un término a las ecuaciones desapareció, y Einstein abjuró de la constante cosmológica como si hubiera sido un gran error.

Sin embargo, podría no haberse tratado de un error. Como dijimos en el capítulo 2, sabemos ahora que la teoría cuántica implica que el espacio-tiempo está lleno de fluctuaciones cuánticas. En una teoría supersimétrica, las energías infinitas positiva y negativa de las fluctuaciones del estado fundamental de las partículas de espines diferentes se cancelan pero, como el universo no se halla en un estado supersimétrico, no cabe esperar que esas energías se cancelen tan exactamente que no quede una pequeña cantidad, finita, de energía del vacío. Lo sorprendente es que la energía del vacío sea tan próxima a cero que no la detectamos hasta hace unos pocos años. Esto podría ser otro ejemplo del principio antrópico: en una historia con una mayor energía del vacío no se habrían formado galaxias, de manera que no contendría seres que pudieran formularse la pregunta de «¿Por qué es tan baja la energía del vacío?».

Podemos intentar determinar las cantidades de energía de la materia y del vacío en el universo a partir de diversas observaciones. Si representamos los resultados en un diagrama con la densidad de la materia en el eje horizontal y la energía del vacío en el eje vertical, la línea de puntos indica la frontera de la región en que se podría desarrollar vida inteligente (Fig. 3.20).

LA CONSTANTE COSMOLÓGICA, ¿FUE MI MAYOR ERROR?

Albert Einstein

Observaciones de supernovas, cúmulos y el fondo de microondas eliminan regiones de este diagrama. Afor-

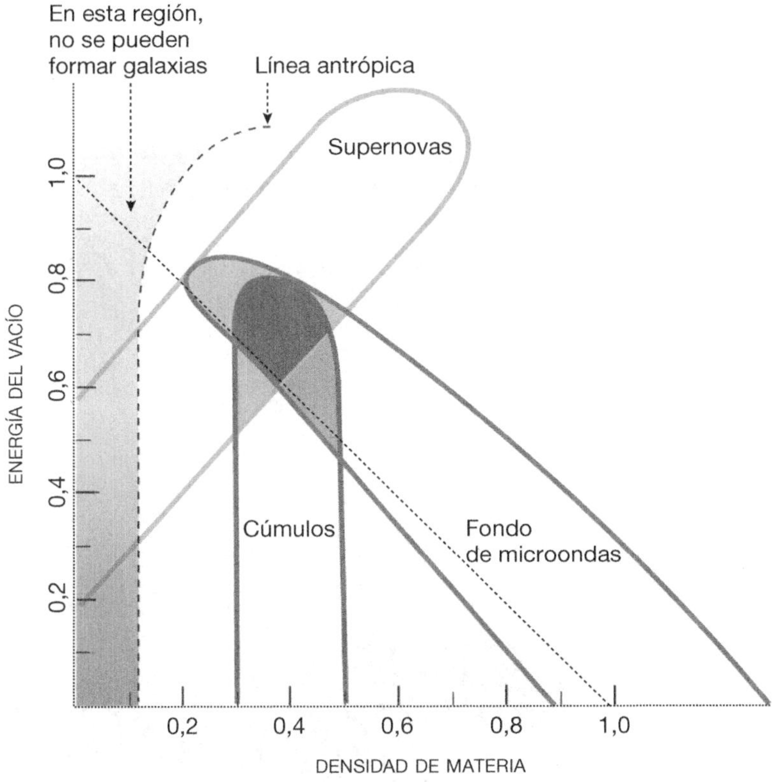

Fig. 3.20. Combinando observaciones de supernovas distantes, de la radiación cósmica del fondo de microondas, y de la distribución de materia en el universo, podemos evaluar bastante bien la energía del vacío y la densidad de materia en el universo.

tunadamente, estas tres regiones tienen una intersección común. Si la densidad de materia y la energía del vacío se hallan en ella, significa que la expansión del universo se ha empezado a acelerar de nuevo, tras un largo período de frenado. Parece que la inflación podría ser una ley de la naturaleza.

En este capítulo hemos visto cómo el comportamiento de la inmensidad del universo puede ser comprendido a partir de su historia en el tiempo imaginario, que es una esfera diminuta y ligeramente aplanada. Es como la nuez de Hamlet, pero esta nuez codifica todo lo que ocurre en el tiempo real. Así pues, Hamlet tenía razón: podríamos estar encerrados en una cáscara de nuez y sentirnos, aun así, reyes de un espacio infinito.

Podría estar encerrado en una cáscara de nuez
y sentirme rey de un espacio infinito…

SHAKESPEARE,
Hamlet, segundo acto, escena 2

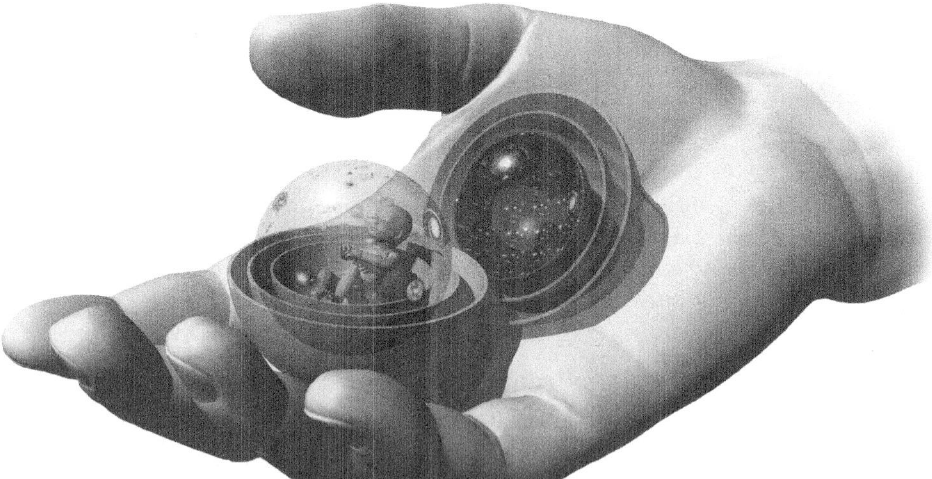

4

Prediciendo el futuro

Cómo la pérdida de información en los agujeros negros puede reducir nuestra capacidad de predecir el futuro

Este mes Marte ocupa Sagitario y para usted será tiempo de intentar conocerse mejor. Marte le pide que viva su vida de acuerdo con lo que usted considera correcto, sin plegarse a lo que los demás consideren adecuado. Y esto ocurrirá.

El día 20, Saturno llega a la zona de su carta solar relacionada con sus obligaciones y su carrera, y aprenderá a asumir responsabilidades y a tratar relaciones difíciles.

Sin embargo, en el plenilunio, gozará de una perspectiva tan maravillosa de la globalidad de su vida que le transformará.

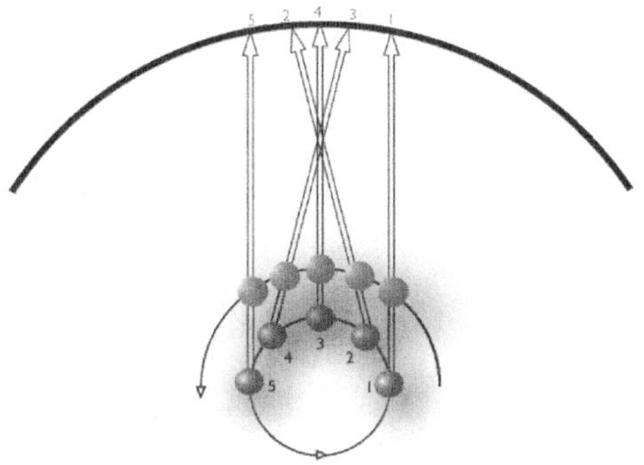

Fig. 4.1. Un observador en la Tierra (azul)*, que gira alrededor del Sol, observa Marte* (rojo) *sobre un fondo de constelaciones lejanas. El complejo movimiento aparente de los planetas en el firmamento puede ser explicado mediante las leyes de Newton y no ejerce ninguna influencia sobre la suerte de las personas.*

Los humanos siempre hemos querido controlar el futuro o, al menos, predecir lo que va a ocurrir. Por esto la astrología es tan popular. Según ella, lo que pasa en la Tierra está relacionado con los movimientos de los planetas en el firmamento. Esto es una hipótesis que puede ser sometida a prueba científicamente, o lo sería si los astrólogos se comprometieran y formularan predicciones definidas que pudieran ser comprobadas. Sin embargo, con considerable astucia, expresan siempre sus predicciones en términos tan vagos que pueden ser aplicados a cualquier cosa que ocurra. Nunca se puede demostrar que predicciones como «Sus relaciones personales pueden intensificarse» o «Se le presentará una oportunidad financieramente interesante» sean erróneas.

Pero el motivo real por el que la mayoría de científicos no cree en la astrología no es la presencia o la ausencia de evidencias científicas acerca de ella, sino que no resulta consistente con otras teorías que han sido comprobadas experimentalmente. Cuando Copérnico y Galileo descubrieron que los planetas giran alrededor del Sol y no de la Tierra, y Newton formuló las leyes que rigen sus movimientos, la astrología devino extremadamente implausible. ¿Por qué deberían las posiciones de los planetas en el firmamento vistas desde la Tierra tener correlación alguna con las macromoléculas de un planeta menor que se autodenominan vida inteligente? (Fig. 4.1). Es esto lo que la astrología nos quisiera hacer creer. Para algunas de las teorías descritas en este libro no hay más evi-

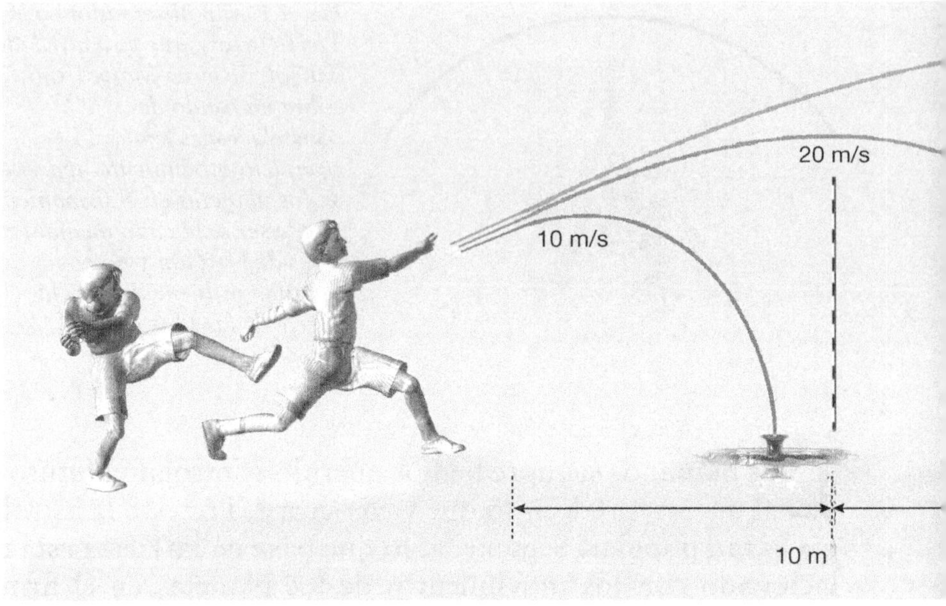

Fig. 4.2. Si sabemos desde dónde y con qué velocidad es lanzada una pelota, podremos predecir adónde irá a parar.

dencia experimental que para la astrología, pero creemos en ellas porque son consistentes con teorías que han superado numerosas pruebas experimentales.

El éxito de las leyes de Newton y de otras teorías físicas condujo a la idea del determinismo científico, que fue expresada por primera vez a comienzos del siglo XIX por un científico francés, el marqués de Laplace. Laplace sugirió que si conociéramos las posiciones y las velocidades de todas las partículas del universo en un instante, las leyes de la física nos deberían permitir la predicción de cuál será el estado del universo en cualquier otro instante del pasado o del futuro (Fig. 4.2).

Fig. 4.3

En otras palabras, si se cumple el determinismo científico, deberíamos poder, en principio, predecir el futuro y no necesitaría-

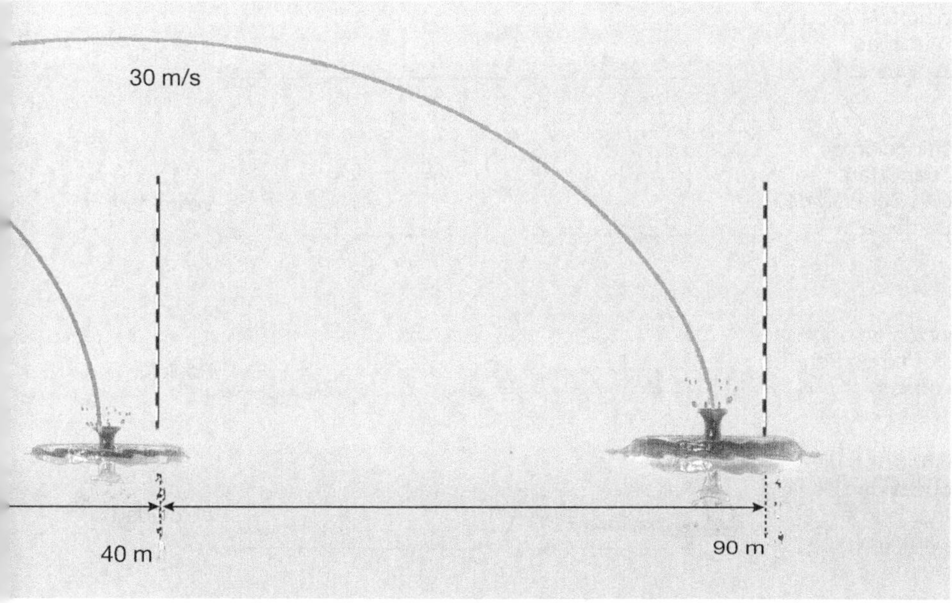

mos la astrología. Naturalmente, en la práctica, incluso algo tan simple como la teoría de la gravitación de Newton conduce a ecuaciones que no podemos resolver exactamente para más de dos partículas. Además, las ecuaciones presentan a menudo una propiedad conocida como caos, según la cual un pequeño cambio en la posición o la velocidad en un instante dado puede conducir a un comportamiento completamente diferente en instantes posteriores. Como bien saben los que han visto la película *Parque Jurásico*, una perturbación diminuta en un lugar puede provocar un cambio importante en otro. El aleteo de una mariposa en Tokio puede hacer que llueva en el parque central de Nueva York (Fig. 4.3). El problema radica en que la secuencia de acontecimientos no es repetible. La siguiente vez que la mariposa

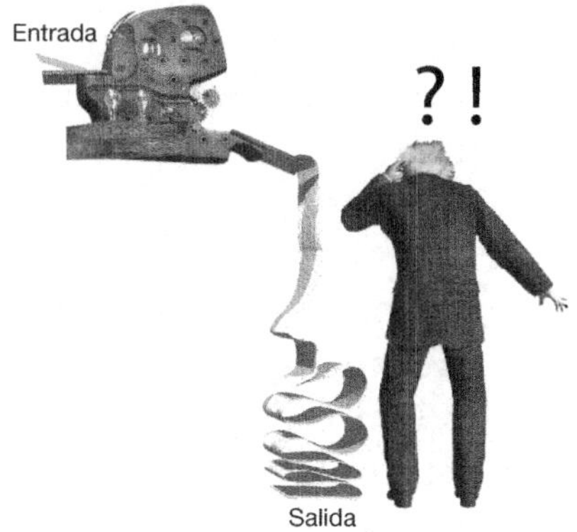

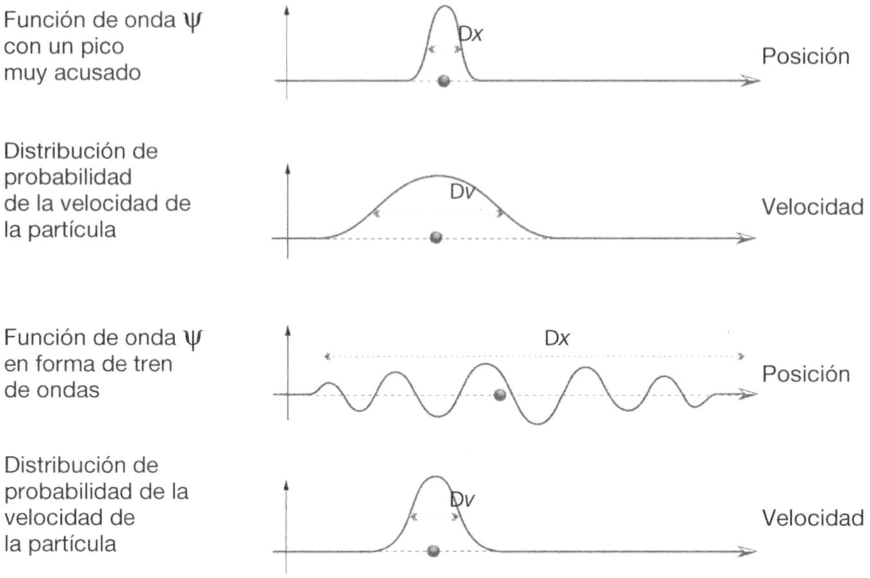

Fig. 4.4. La función de onda determina las probabilidades de que la partícula se halle en diferentes posiciones y tenga diferentes velocidades, de forma que Δx *y* Δv *obedezcan el principio de incertidumbre.*

aletea, un cúmulo de otros factores que también influirán en el clima serán diferentes. Ésta es la razón de que las predicciones del tiempo resulten tan poco fiables.

Así pues, aunque en principio las leyes de la electrodinámica cuántica deberían permitirnos calcular cualquier cosa de la química y la biología, no hemos logrado mucho éxito en la predicción del comportamiento humano a partir de ecuaciones matemáticas. Pero a pesar de estas dificultades prácticas, la mayoría de los científicos se han hecho a la idea de que, de nuevo en principio, el futuro es predecible.

A primera vista, el determinismo también parece amenazado por el principio de incertidumbre, que establece que no podemos medir con precisión la posición y la velocidad de una partícula simultáneamente. Cuanto mayor es la precisión con que medimos la posición, menor será la precisión con que podamos determinar la velocidad, y viceversa. La versión de Laplace del determinismo científico sostenía que si conociéramos las posiciones y las velocidades de las partículas en

Fig. 4.5. LA ECUACIÓN DE SCHRÖDINGER
La evolución temporal de la función de onda ψ *queda determinada por el operador hamiltoniano H, relacionado con la energía del sistema físico considerado.*

un instante dado, podríamos determinar sus posiciones y velocidades en cualquier otro instante del pasado y del futuro. Pero ¿cómo podríamos ni siquiera empezar si el principio de incertidumbre nos impide conocer con precisión las posiciones y las velocidades en un instante? Por buenos que sean nuestros ordenadores, si les introducimos datos imprecisos, obtendremos predicciones también imprecisas.

Sin embargo, el determinismo *fue* restablecido en una forma modificada en una nueva teoría denominada «mecánica cuántica», que incorporaba el principio de incertidumbre. Hablando con cierta impropiedad, diríamos que en la mecánica cuántica podemos predecir con precisión la mitad de lo que podríamos esperar predecir en la perspectiva clásica de Laplace. En la mecánica cuántica, una partícula no tiene una posición o una velocidad bien definidas, pero su estado *puede* ser representado mediante lo que se llama «función de onda» (Fig. 4.4).

Una función de onda es un número en cada punto del espacio que indica la probabilidad de hallar la partícula en esa posición. La tasa de variación de la función de onda con la posición indica la probabilidad de diferentes velocidades de la partícula. Algunas funciones de onda tienen un pico muy agudo en un punto particular del espacio. En estos casos, la incertidumbre en la posición de la partícula es pequeña. Pero también podemos ver en el diagrama que, en estos casos, la función de onda cambia muy rápidamente en las proximidades del punto, hacia arriba en un lado y hacia abajo en el otro. Ello significa que la distribución de probabilidad de la velocidad se esparce en un dominio amplio de valores posibles. En otras palabras, la incertidumbre en la velocidad es elevada. Consideremos, en cambio, un tren continuo de ondas. Ahora hay una gran incertidumbre en la posición, pero la incertidumbre en la velocidad es pequeña. Por ello, la descripción de una partícula mediante la función de onda no supone una posición ni una velocidad bien definidas, sino que satisface el principio de incertidumbre. Sabemos ahora que la función de onda es *todo* cuanto puede ser bien definido. Ni siquiera podemos suponer que la partícula tiene una posición y una velocidad que Dios conoce pero que nos permanecen ocultas. Las teorías de «variables ocultas» predicen resultados que discrepan de las observaciones. Incluso Dios está limitado por el principio de incertidumbre y no puede saber la posición y la velocidad, sino sólo la función de onda.

La tasa con que la función de onda cambia con el tiempo viene dada por lo que se llama «ecuación de Schrödinger» (Fig. 4.5). Si conocemos la función de onda en un instante, podemos utilizar esa ecuación para calcularla en cualquier otro instante, pasado o futuro. Por lo tanto, en la teoría cuántica todavía hay determinismo, aunque a una escala reducida. En vez de poder predecir las posiciones y las velocidades, sólo podemos predecir la función de onda. Ésta nos permite predecir o las posiciones o las velocidades, pero no ambas con precisión. Por lo tanto, en la teoría cuántica la capacidad de efectuar predicciones precisas es justo la mitad que en la visión clásica de Laplace. Sin embargo, en este sentido restringido, todavía es posible sostener que hay determinismo.

Fig. 4.6. En el espacio-tiempo plano de la relatividad especial, observadores que se muevan con diferentes velocidades obtendrán diferentes medidas del tiempo, pero podemos utilizar la ecuación de Schrödinger con cualquiera de estos tiempos para predecir la función de onda en el futuro.

Sin embargo, el uso de la ecuación de Schrödinger para estudiar la evolución de la función de onda hacia delante en el tiempo (es decir, para predecir lo que pasará en instantes futuros) supone implícitamente que el tiempo fluye con suavidad e indefinidamente. Ciertamente es así en la física newtoniana, en la cual el tiempo se supone absoluto, lo que significa que cada acontecimiento de la historia del universo está etiquetado con un número llamado «tiempo», y que la serie de etiquetas temporales se extiende suavemente desde el pasado infinito al futuro infinito. Esto es lo que podríamos llamar la visión del tiempo según el sentido común, y es la visión que, en el fondo de su mente, tiene del tiempo la mayoría de la gente e incluso la mayoría de los físicos. Sin embargo, en 1905, como hemos visto, el concepto de tiempo absoluto fue destronado por la teoría especial de la relatividad, en que el tiempo no es ya una magnitud independiente, sino sólo una dirección más en un continuo cuadridimensional llamado «espacio-tiempo». En la relatividad especial, diferentes observadores que se muevan con diferentes velocidades seguirán caminos diferentes en el espacio-tiempo. Cada observador tiene su propia medida del tiempo a lo largo de su camino, y diferentes observadores medirán diferentes intervalos temporales entre sucesos (Fig. 4.6).

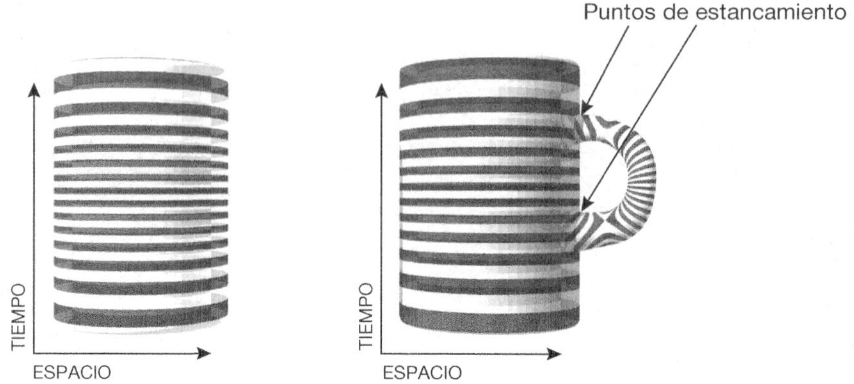

Fig. 4.7. EL TIEMPO SE DETIENE
Las medidas del tiempo presentarían necesariamente puntos de estancamiento donde el asa toca el cilindro principal: puntos en que el tiempo se detiene. En ellos, no pasaría el tiempo. Por lo tanto, no sería posible utilizar la ecuación de Schrödinger para predecir cómo será la función de onda en el futuro.

Así pues, en la relatividad especial no hay un único tiempo absoluto que pueda ser utilizado para etiquetar los acontecimientos. Sin embargo, el espacio-tiempo de la relatividad especial es plano, lo que significa que en esta teoría el tiempo medido por cualquier observador que se mueva libremente aumenta suavemente en el espacio-tiempo desde menos infinito en el infinito pasado hasta más infinito en el futuro infinito. Podemos utilizar en la ecuación de Schrödinger cualquiera de estas medidas del tiempo para estudiar cómo evoluciona la función de onda. En la relatividad especial, por lo tanto, todavía tenemos la versión cuántica del determinismo.

Fig. 4.8

La situación es diferente en la teoría general de la relatividad,

en la cual el espacio-tiempo no es plano sino curvado y distorsionado por su contenido en materia y energía. En nuestro sistema solar, la curvatura del espacio-tiempo es tan ligera, al menos a escala macroscópica, que no interfiere con nuestra idea usual del tiempo. En esta situación, todavía podríamos utilizar este tiempo en la ecuación de Schrödinger para obtener la evolución determinista de la función de onda. Sin embargo, una vez permitimos que el espacio-tiempo esté curvado, queda abierta la puerta a la posibilidad de que tenga una estructura que no admita un tiempo que aumente continuamente para todos los observadores, como esperaríamos en el caso de una medida temporal razonable. Por ejemplo, supongamos que el espacio-tiempo fuera como un cilindro vertical (Fig. 4.7).

La altura en el cilindro constituiría una medida del tiempo que aumentaría para cada observador y transcurriría desde menos infinito a más infinito. Imaginemos, en cambio, que el espacio-tiempo fuera como un cilindro con un asa (o «agujero de gusano») que se ramificara y después volviera a juntarse con el cilindro. En este caso, cualquier medida del tiempo presentaría necesariamente puntos de estancamiento donde el asa toca el cilindro: puntos en que el tiempo se detiene. En ellos, el tiempo no aumentaría para ningún observador. En este espacio-tiempo, no podríamos utilizar la ecuación de Schrödinger para obtener una evolución determinista de la función de onda. Tengan cuidado con los agujeros de gusano: nunca se sabe qué puede salir de ellos.

Los agujeros negros son el motivo que nos lleva a creer que el tiempo no aumentará para cada observador. El primer tratado sobre agujeros negros apareció en 1783. Un antiguo catedrático de Cambridge, John Michell, presentó el siguiente argumento. Si disparamos una partícula, como por ejemplo una bala de cañón, ver-

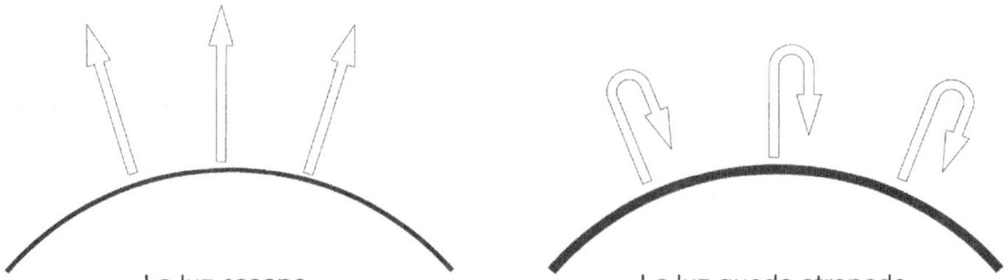

Fig. 4.9

ticalmente hacia arriba, su ascenso será frenado por la gravedad y al fin la partícula dejará de subir y empezará a caer de nuevo (Fig. 4.8). Sin embargo, si la velocidad inicial hacia arriba supera un cierto valor crítico llamado «velocidad de escape», la gravedad no será suficientemente intensa para detener la partícula, y ésta se escapará. La velocidad de escape vale unos 10 kilómetros por segundo para la Tierra y unos 100 kilómetros por segundo para el Sol.

EL AGUJERO NEGRO DE SCHWARZSCHILD

En 1916, el astrónomo alemán Karl Schwarzschild obtuvo una solución de la teoría general de la relatividad de Einstein que representa un agujero negro esférico. El trabajo de Schwarzschild reveló una consecuencia sorprendente de la relatividad general. Demostró que si la masa de una estrella se concentra en una región suficientemente pequeña, el campo gravitatorio en su superficie deviene tan intenso que ni siquiera la luz podría escapar de ella. Esto es lo que actualmente llamamos un agujero negro, una región del espacio-tiempo limitada por un denominado «horizonte de sucesos» allende el cual es imposible que nada, ni siquiera la luz, llegue a un observador distante.

Durante mucho tiempo, la mayoría de los físicos, incluido Einstein, se mostraron escépticos sobre la posibilidad de que tales configuraciones extremas de la materia pudieran darse en el universo real. Sin embargo, ahora comprendemos que cuando alguna estrella suficientemente pesada y que no gire sobre su eje agota su combustible nuclear, se colapsará necesariamente hasta formar un agujero negro de Schwarzschild perfectamente esférico. El radio (R) del horizonte de sucesos del agujero negro sólo depende de su masa, y viene dado por la fórmula

$$R = \frac{2\,GM}{c^2}$$

En esta fórmula el símbolo (c) significa la velocidad de la luz, (G) la constante de Newton y (M) la masa del agujero negro. ¡Un agujero negro que tuviera la misma masa que el Sol, por ejemplo, tendría un radio de tan sólo unos cuatro kilómetros!

Estas dos velocidades de escape son mucho mayores que la velocidad de las balas de cañón reales, pero resultan pequeñas en comparación con la velocidad de la luz, cuyo valor es 300 000 kilómetros por segundo. Por lo tanto, la luz puede escapar sin dificultad de la Tierra y del Sol. Michell arguyó, sin embargo, que podría haber estrellas cuya masa fuera mucho mayor que la del Sol y tuvieran velocidades de escape mayores que la velocidad de la luz (Fig. 4.9). No las podríamos ver, porque la luz que emitieran sería frenada y arrastrada hacia atrás por la gravedad de la estrella. Serían lo que Michell llamó estrellas negras y hoy denominamos agujeros negros.

La idea de Michell de las estrellas negras estaba basada en la física newtoniana, en la cual el tiempo es absoluto y sigue fluyendo pase lo que pase. Por lo tanto, no afectaba la capacidad de predecir el futuro en la imagen clásica newtoniana. Pero la situación es muy diferente en la teoría general de la relatividad, en que los cuerpos con masa curvan el espacio-tiempo.

En 1916, algo después de la primera formulación de la teoría, Karl Schwarzschild (que murió al poco tiempo como consecuencia de una enfermedad contraída en el frente ruso en la primera guerra mundial) obtuvo una solución de las ecuaciones de campo de la relatividad general que representaba un agujero negro. Durante muchos años, el descubrimiento de Schwarzschild no fue comprendido ni valorado en lo que merecía. El propio Einstein nunca creyó en los agujeros negros, y su actitud fue compartida por la mayor parte de la vieja guardia de la relatividad general. Recuerdo mi visita a París para dar un seminario sobre mi descubrimiento de que la teoría cuántica implica que los agujeros negros no son completamente negros. Mi seminario no tuvo mucho eco porque en aquel tiempo casi nadie en París creía en los agujeros negros. Los franceses opinaban, además, que el nombre, tal como lo traducían, *trou noir*, tenía dudosas connotaciones sexuales, y debería ser sustituido por *astre occlu*, o «estrella oculta». Sin embargo, ni éste ni otros nombres que han sido sugeridos han logrado cautivar la imaginación del público como el término *agujero negro*, que fue acuñado por John Archibald Wheeler,

Fig. 4.10. El quásar 3C273, la primera fuente cuasiestelar de radiofrecuencia que fue descubierta, produce una inmensa potencia en una pequeña región. Parece que el único mecanismo que podría dar razón de esta altísima luminosidad sería la caída de materia a un agujero negro.

el físico americano que inspiró muchos de los trabajos modernos en este campo.

El descubrimiento de los quásares en 1963 conllevó una explosión de trabajos teóricos sobre agujeros negros y de intentos observacionales para detectarlos (Fig. 4.10). He aquí la imagen que emergió de todo ello. Consideremos lo que creemos que sería la historia de una estrella con una masa veinte veces la del Sol. Tales estrellas se forman a partir de nubes de gas, como las de la nebulosa de Orión (Fig. 4.11). A

JOHN WHEELER

John Archibald Wheeler nació en 1911 en Jacksonville, Florida. En 1933 se doctoró en la universidad John Hopkins con un trabajo sobre el esparcimiento de la luz por los átomos de helio. En 1938, trabajó con el físico danés Niels Bohr para desarrollar la teoría de la fisión nuclear. Posteriormente, Wheeler trabajó durante un tiempo con su estudiante de doctorado Richard Feynman, dedicado al estudio de la electrodinámica, pero poco después de que los Estados Unidos entraran en la segunda guerra mundial, ambos participaron en el Proyecto Manhattan.

A comienzos de los cincuenta, inspirado por el trabajo de Robert Oppenheimer de 1939 sobre el colapso gravitatorio de una estrella masiva, Wheeler dirigió su atención a la teoría de la relatividad general de Einstein. En aquella época, la mayoría de los físicos estaban inmersos en el estudio de la física nuclear, y la relatividad general no era considerada realmente relevante para el mundo físico. Pero, casi en solitario, Wheeler transformó el campo mediante su investigación y su enseñanza en Princeton del primer curso de relatividad general.

Mucho después, en 1969, acuñó el término agujero negro para el estado colapsado de la materia, en cuya realidad pocos habían creído. Inspirado por el trabajo de Werner Israel, conjeturó que los agujeros negros no tienen pelos, lo que significa que el estado colapsado de cualquier estrella masiva no rotante podría ser descrito de hecho por la solución de Schwarzschild.

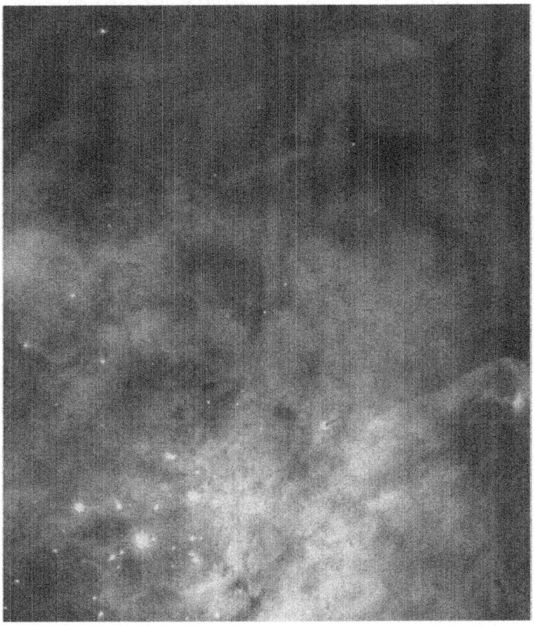

Fig. 4.11. Las estrellas se forman en nubes de gas y polvo, como la nebulosa de Orión.

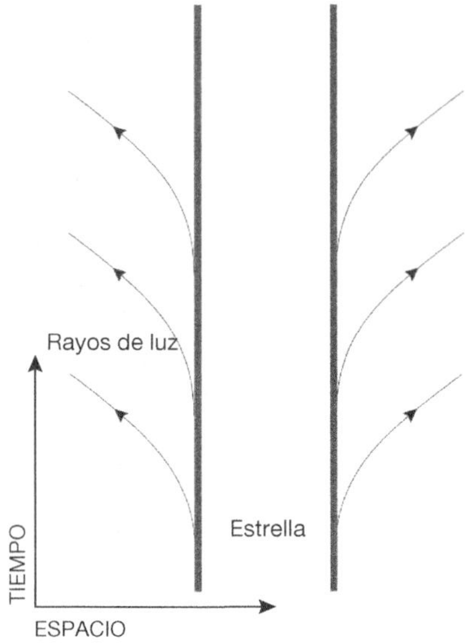

Fig. 4.12. Espacio-tiempo en las proximidades de una estrella que no se colapsa. Los rayos de luz escapan de la superficie de la estrella (líneas verticales rojas). Lejos de ella, los rayos de luz forman un ángulo de 45 grados con la vertical, pero cerca de la estrella la deformación del espacio-tiempo por la masa de ésta hace que los rayos formen con la vertical un ángulo más pequeño.

medida que esas nubes se contraen bajo la acción de su propia gravedad, el gas se calienta y al final llega a temperatura suficientemente elevada para iniciar la reacción de fusión nuclear que convierte hidrógeno en helio. El calor generado en este proceso produce una presión que sostiene la estrella contra su propia gravedad y detiene su contracción. Una estrella

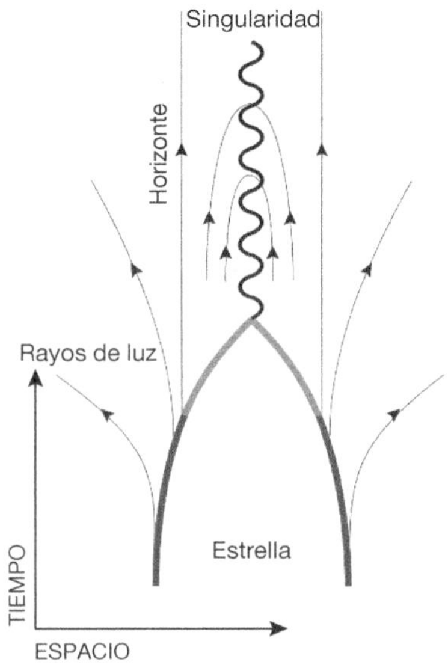

Fig. 4.13. Si la estrella se colapsa (líneas rojas que se cortan en un punto) la deformación deviene tan grande que los rayos de luz de las proximidades de la estrella se mueven hacia dentro. Se ha formado un agujero negro, una región del espacio-tiempo de la cual la luz no puede escapar.

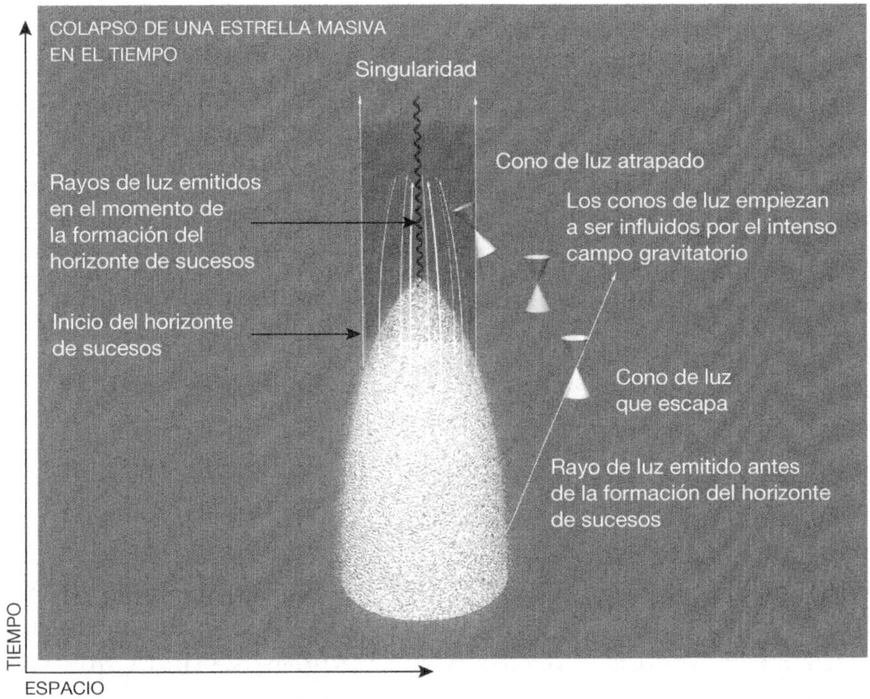

El horizonte, la frontera exterior de un agujero negro, está formado por los rayos de luz que están justo a punto de escapar del agujero negro, pero que permanecen sobrevolándolo a una distancia constante del centro.

permanecerá en este estado durante un largo tiempo, quemando hidrógeno y radiando luz al espacio.

El campo gravitatorio de la estrella afectará las trayectorias de los rayos de luz procedentes de ella. Podemos trazar un diagrama con el tiempo en el eje vertical y la distancia al centro de la estrella en el eje horizontal (véase la página 128, Fig. 4.12). En este diagrama, la superficie de la estrella está representada por dos líneas verticales, una a cada lado del eje. Podemos expresar el tiempo en segundos y la distancia en segundos-luz, la distancia que recorre la luz en un segundo. Cuando utilizamos estas unidades, la velocidad de la luz es 1; es decir, la velocidad de la luz es un segundo-luz por segundo. Esto significa que lejos de la estrella y de su campo gravitatorio, la trayectoria de un rayo de luz en este diagrama queda representada por una recta que forma un ángulo de 45 gra-

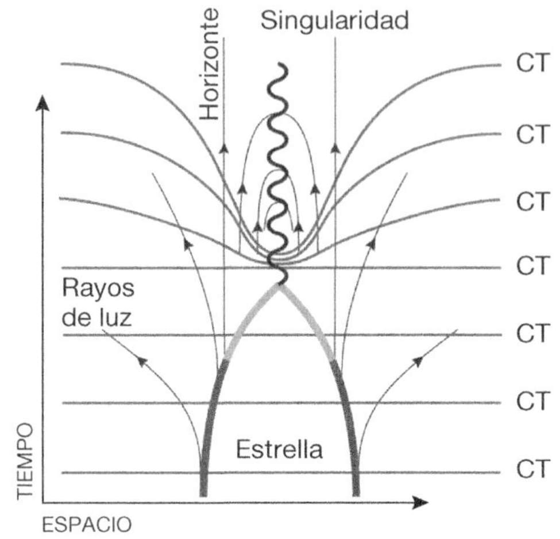

(CT: Líneas de tiempo constante.)

Fig. 4.14

dos con la vertical. Sin embargo, más cerca de la estrella, la curvatura del espacio-tiempo producida por su masa modificará las trayectorias de los rayos luminosos y hará que formen con la vertical un ángulo más pequeño.

Las estrellas muy pesadas queman el hidrógeno para formar helio mucho más rápidamente que el Sol, hasta el punto que pueden agotar el hidrógeno en tan sólo unos pocos centenares de millones de años. Tras ello, las estrellas se enfrentan a una crisis. Pueden quemar helio y formar elementos más pesados, como por ejemplo carbono y oxígeno, pero estas reacciones nucleares no liberan mucha energía, de manera que las estrellas pierden calor y disminuye la presión térmica que las sostiene contra la gravedad. Por lo tanto, empiezan a contraerse. Si su masa es mayor que unas dos veces la masa solar, la presión nunca será suficiente para detener la contracción. Se colapsarán a tamaño cero y a densidad infinita para formar lo que llamamos una singularidad (Fig. 4.13). En el diagrama del tiempo en función de la distancia al centro, a medida que la estrella se encoge, las trayectorias de los rayos luminosos procedentes de la superficie emergerán con ángulos cada vez menores respecto de la vertical. Cuando la estrella alcanza un cierto radio crítico, la trayectoria será vertical en el diagrama, lo que significa que la luz se mantendrá suspendida a una dis-

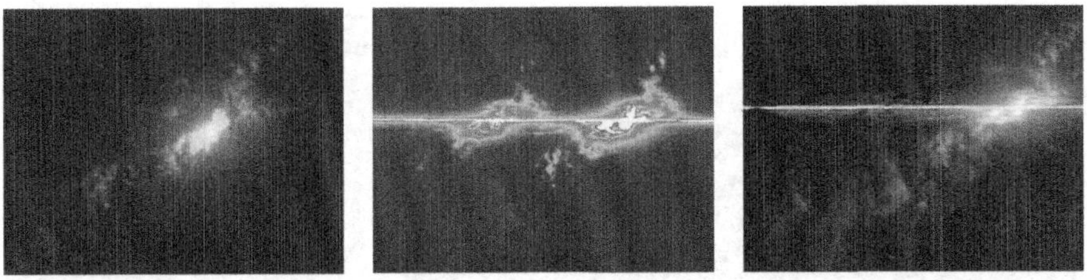

Fig. 4.15. UN AGUJERO NEGRO EN EL CENTRO DE UNA GALAXIA
Izquierda: *La galaxia NGC4151 vista por la cámara planetaria de campo ancho.* Centro: *La línea horizontal que atraviesa la imagen corresponde a la luz generada por el agujero negro que se halla en el centro de 4151.* Derecha: *Imagen que muestra la velocidad de las emisiones de oxígeno. Todas las evidencias indican que NGC 4151 contiene un agujero negro de cien millones de veces la masa del Sol.*

tancia constante del centro de la estrella, sin escapar de ella. Esta trayectoria crítica de la luz barre una superficie denominada «horizonte de sucesos», que separa la región del espacio-tiempo cuya luz puede escapar y la región de la cual no puede escapar. La luz emitida por la estrella después de atravesar el horizonte de sucesos será devuelta hacia adentro por la curvatura del espacio-tiempo. La estrella se habrá convertido en una de las estrellas negras de Michell o, en términos actuales, en un agujero negro.

¿Cómo podemos detectar un agujero negro si de él no puede escapar ninguna luz? La respuesta es que un agujero negro sigue ejerciendo sobre los objetos circundantes la misma fuerza gravitatoria que ejercía el cuerpo que se colapsó. Si el Sol fuera un agujero negro y se hubiera convertido en tal sin perder masa alguna, los planetas seguirían girando a su alrededor como lo hacen en la actualidad.

Por lo tanto, una manera de localizar agujeros negros es buscar materia que gire alrededor de lo que parece un objeto compacto e invisible de gran masa. Se ha observado un cierto número de tales sistemas. Quizás los más impresionantes son los agujeros negros gigantes que hay en el centro de las galaxias y los quásares (Fig. 4.15).

Las propiedades de los agujeros negros explicadas hasta aquí no suscitan grandes problemas con el determinismo. El tiempo terminaría para un astronauta que cayera a un aguje-

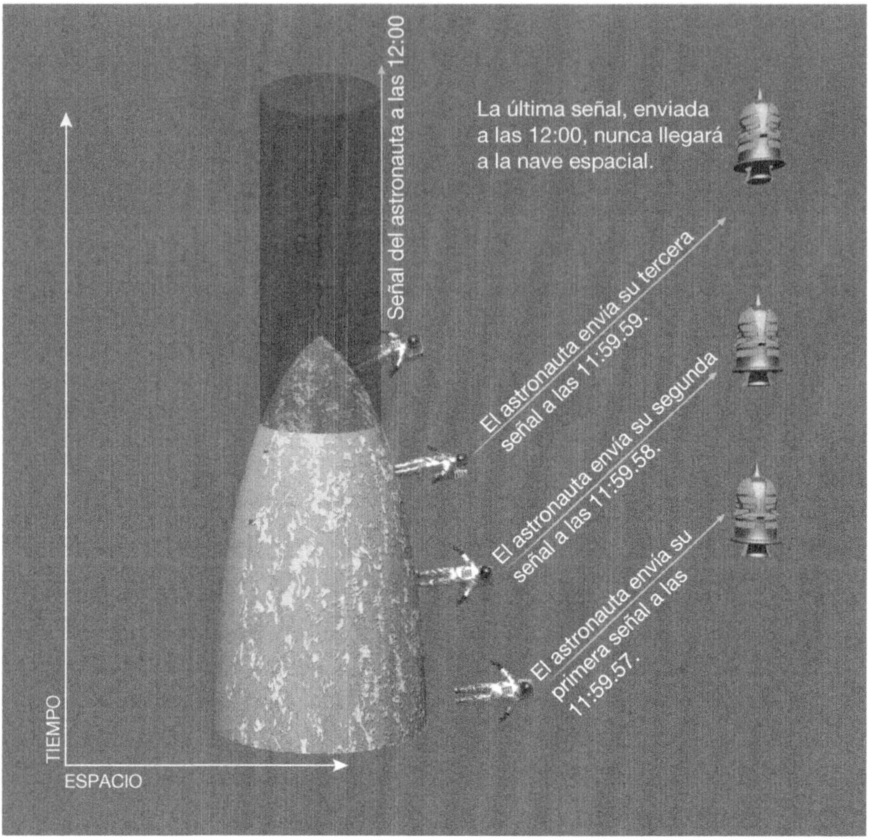

La ilustración muestra un astronauta que, a las 11:59.57, aterriza sobre una estrella que se está colapsando y se mantiene sobre ella a medida que se encoge por debajo del radio crítico en que la gravedad se hace tan intensa que ninguna señal puede escapar. Envía señales de su reloj a una nave espacial que gira alrededor de la estrella en intervalos regulares. Alguien que observe la estrella a distancia nunca verá que el astronauta cruce el horizonte de sucesos y entre en el agujero negro, sino que le parecerá que la estrella permanece inmóvil justo encima del radio crítico, y un reloj en su superficie parecerá frenarse hasta detenerse.

ro negro y chocara con la singularidad. Sin embargo, en la relatividad general tenemos la libertad de medir el tiempo con diferentes ritmos en diferentes lugares. Por lo tanto, podríamos acelerar el reloj del astronauta a medida que se aproxima a la singularidad, de manera que todavía registrara un intervalo infinito de tiempo. En el diagrama del tiempo en función de la distancia, las superficies de valor constante de este nuevo tiempo se acumularían cerca del centro, por debajo del punto donde apareció la singularidad. Sin embargo, en el espacio-tiempo aproximadamente plano a gran distancia del agujero negro coincidirían con la medida habitual del tiempo (Fig. 4.14).

El resultado: sin pelo

Podríamos utilizar este tiempo en la ecuación de Schrödinger y calcular la función de onda en tiempos posteriores si la conociéramos inicialmente. Así pues, todavía tendríamos determinismo. Conviene subrayar, no obstante, que en instantes posteriores una parte de la función de onda se halla en el interior del agujero negro, donde no puede ser observada por nadie del exterior. Por lo tanto, un observador que tome precauciones para no caer en el agujero negro no puede retrotraer la ecuación de Schrödinger hacia atrás y calcular la función de onda en momentos anteriores. Para ello, precisaría conocer la parte de ella que hay en el interior del agujero negro. Ésta contiene la información de lo que cayó en el interior de éste. La cantidad de información puede ser grande, porque

TEMPERATURA DEL AGUJERO NEGRO

Los agujeros negros emiten radiación como si fueran cuerpos calientes con una temperatura (*T*) que sólo depende de su masa. En términos más precisos, la temperatura viene dada por la siguiente fórmula:

$$T = \frac{\hbar c^3}{8\pi k G M}$$

En esta fórmula, el símbolo (*c*) representa la velocidad de la luz, ($\hbar$) la constante de Planck, (*G*) la constante de Newton de la gravitación y (*k*) la constante de Boltzmann.

Finalmente, (*M*) representa la masa del agujero negro, de manera que cuanto menor sea el agujero, más elevada será su temperatura.

Esta fórmula nos indica que la temperatura de un agujero negro de unas pocas veces la masa solar está sólo una millonésima de grado por encima del cero absoluto.

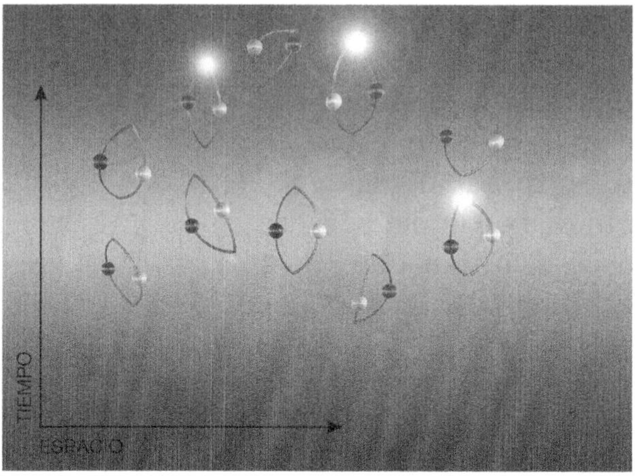

Fig. 4.16. Izquierda: *En el espacio vacío aparecen pares de partículas; tras una breve existencia, se aniquilan mutuamente.*

un agujero negro de masa y velocidad de rotación determinadas puede ser formado a partir de un número muy elevado de diferentes conjuntos de partículas. Un agujero negro no depende de la naturaleza del cuerpo cuyo colapso lo ha formado. John Wheeler llamó a este resultado «Los agujeros negros no tienen pelos». Esto confirmó las sospechas de los franceses.

La dificultad con el determinismo surgió cuando descubrí que los agujeros negros no son completamente negros. Tal como vimos en el capítulo 2, la teoría cuántica implica que los campos no pueden ser exactamente nulos ni siquiera en lo que llamamos el vacío. Si lo fueran, tendrían tanto un valor exacto de la posición, en el cero, y una tasa de cambio o velocidad que también valdría exactamente cero. Ello violaría el principio de incertidumbre, que exige que la posición y la velocidad no pueden estar bien definidas simultáneamente. Por esa razón, debe haber un cierto grado de lo que se denomina «fluctuaciones del vacío» (tal como el péndulo del capítulo 2 tenía que tener fluctuaciones del punto cero). Las fluctuaciones del vacío pueden ser interpretadas de diversas maneras que parecen diferentes pero que de hecho son matemáticamente equivalentes. Desde una perspectiva positivista, tenemos la libertad de utilizar la imagen que nos resulte más útil para el problema en cuestión. En este caso, resulta conveniente interpretar las fluctuaciones

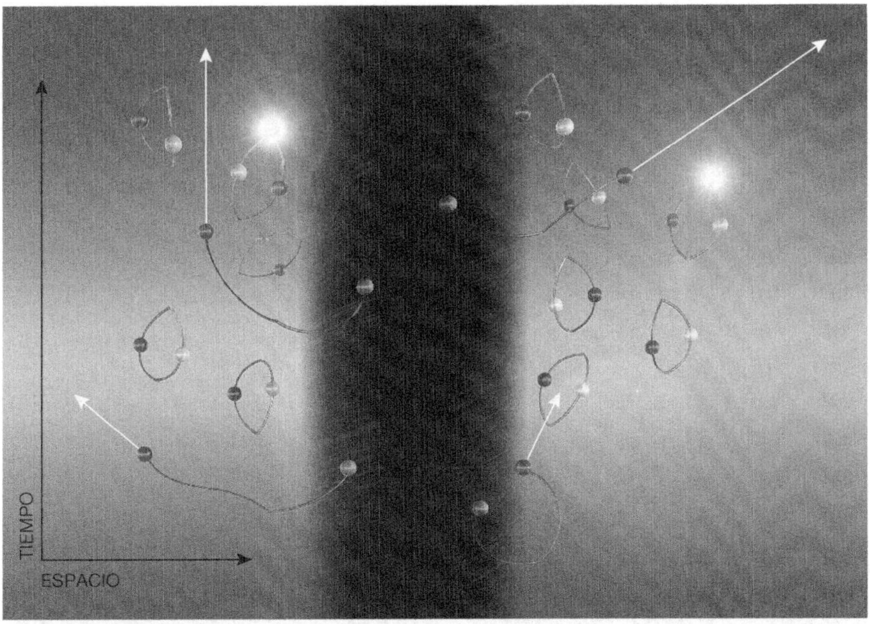

Fig. 4.17. Partículas virtuales que aparecen y se aniquilan mutuamente en las proximidades del horizonte de sucesos de un agujero negro. Una de las partículas del par cae al agujero negro, en tanto que su gemela queda libre para escapar. Desde el exterior del horizonte de sucesos, parece que el agujero negro haya radiado las partículas que escapan.

del vacío como pares de partículas virtuales que aparecen conjuntamente en algún punto del espacio-tiempo, se separan y después vuelven a encontrarse y se aniquilan de nuevo la una con la otra. «Virtual» significa que estas partículas no pueden ser observadas directamente, pero sus efectos indirectos *pueden* ser medidos, y concuerdan con las predicciones teóricas con un alto grado de precisión (Fig. 4.16).

En presencia de un agujero negro, un miembro de un par de partículas puede caer al mismo, dejando libre al otro miembro, que puede escapar al infinito (Fig. 4.17). A un observador lejano le parecerá que las partículas que escapan del agujero negro han sido radiadas por él. El espectro del agujero negro es exactamente el que esperaríamos de un cuerpo caliente, con una temperatura proporcional al campo gravitatorio en el horizonte —la frontera— del agujero negro. En otras palabras, la temperatura del agujero negro depende de su tamaño.

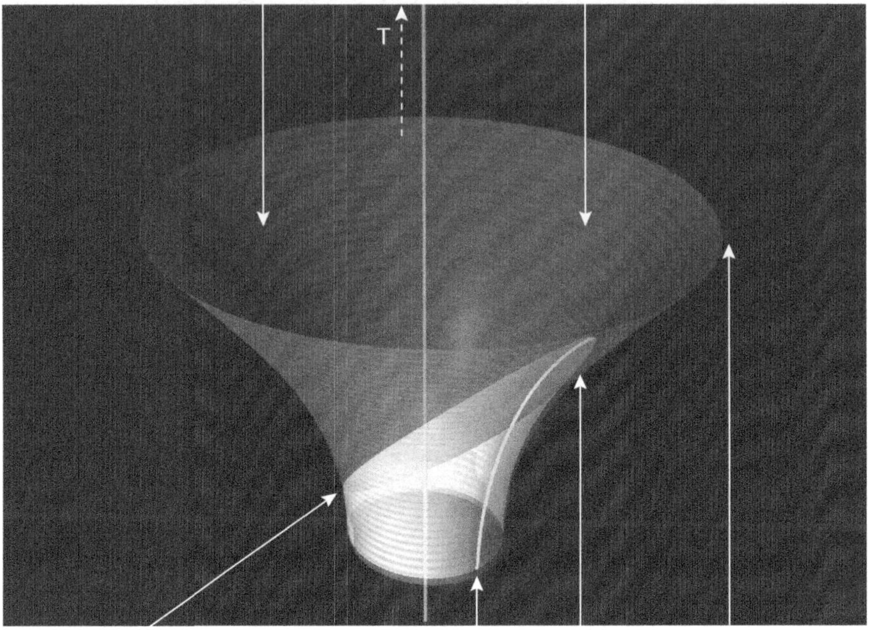

Fig. 4.18. La solución de De Sitter de las ecuaciones de campo de la relatividad general representa un universo que se expande de forma inflacionaria. En el diagrama, el tiempo se representa en el eje vertical y el tamaño del universo en el eje horizontal. Las distancias espaciales aumentan tan rápidamente que la luz de las galaxias distantes nunca nos llegará, y hay un horizonte de sucesos, una frontera de la región que no podemos observar, como en los agujeros negros.

La temperatura de un agujero negro de unas pocas masas solares valdría aproximadamente una millonésima de grado sobre el cero absoluto, y la de un agujero negro mayor sería todavía más baja. Así pues, cualquier radiación cuántica de esos agujeros negros quedaría completamente ahogada por la radiación de 2,7 K remanente de la gran explosión caliente: la radiación cósmica de fondo de que hablamos en el capítulo 2. Sería posible detectar esta radiación para agujeros negros más pequeños y más calientes, pero no parece que haya muchos a nuestro alrededor. Es una lástima, ya que si encontraran uno me darían un premio Nobel. Sin embargo, hay evidencias observacionales indirectas de esta radiación, que provienen del universo primitivo. Como dijimos en el capítulo 3, se cree que en épocas muy tempranas de su historia el universo pasó por una etapa inflacionaria durante la cual se expandió con ritmo cada vez más rápido. La expansión durante esta etapa habría sido tan rápida que algunos objetos se hallarían demasiado lejos de nosotros para que su luz nos pueda alcanzar; el universo se habría expandido demasiado y demasiado rápidamente mientras la luz estaba viajando hacia nosotros. Por lo tanto, habría en el universo un horizonte como el de los agujeros negros, que separaría la región cuya luz nos puede llegar de aquélla cuya luz no nos puede alcanzar (Fig. 4.18).

Argumentos muy parecidos indican que este horizonte debería emitir radiación térmica, tal como ocurre con el horizonte de los agujeros negros. Hemos aprendido a esperar un espectro característico de las fluctuaciones de densidad en la radiación térmica. En el caso que estamos considerando, tales fluctuaciones de densidad se habrían expandido con el universo. Cuando su escala de longitud hubiera superado el tamaño del horizonte de sucesos se congelarían, de manera que en la actualidad las podemos observar como pequeñas variaciones en la temperatura de la radiación cósmica de fondo remanente del universo primitivo. Lo que hemos podido observar de estas variaciones concuerda con las predicciones de las fluctuaciones térmicas con una notable precisión.

Aunque la evidencia observacional de la radiación de los agujeros negros es bastante indirecta, todos los que han estudiado el problema aceptan que debe producirse, por consistencia con otras teorías comprobadas experimentalmente. Ello tiene consecuencias importantes para el determinismo. La radiación de un agujero negro se llevará energía, lo cual significa que éste deberá perder masa y encogerse. De ello se sigue que su temperatura aumentará y su tasa de radiación crecerá. Al final, la masa del agujero negro se aproximará a cero. No sabemos calcular qué pasa en este punto, pero la única respuesta natural y razonable parece que el agujero negro acabe por desaparecer por completo. Si es así, ¿qué ocurre con la parte de la función de onda y de la información que ésta contiene sobre lo que había caído al agujero negro? Una primera conjetura podría ser que esta parte de la función de onda, y la información que transporta, emergería cuando el agujero negro terminara por desaparecer. Sin embargo, la información no puede ser transportada gratuitamente, como advertimos cuando recibimos la factura telefónica.

La información necesita energía que la transporte, y en las etapas finales de un agujero negro queda muy poca energía. La única manera plausible en que la información interior podría salir sería emerger continuamente con la radiación, en lugar de esperar a la etapa final. Sin embargo, en la descripción en que un miembro de un par de partículas virtuales cae al agujero negro y el otro miembro se escapa, no esperaríamos que la partícula que escapa esté relacionada con la que cayó en el interior, ni lleve información sobre ella. Por lo tanto, parecería que la única respuesta es que la información contenida en la parte de la función de onda del interior del agujero negro desaparece (Fig. 4.19).

Esta pérdida de información tendría consecuencias importantes para el determinismo. Para empezar, hemos observado que incluso si conociéramos la función de onda tras la desaparición del agujero negro, no podríamos retrotraer la ecuación de Schrödinger para calcular la función de onda antes de la formación del agujero negro. Lo que ésta era dependería en parte del fragmento de la función de onda que se perdió en el

Fig. 4.19. La energía positiva que se lleva la radiación térmica de su horizonte reduce la masa del agujero negro. A medida que pierde masa, su temperatura y su tasa de radiación aumentan, de manera que pierde masa aún más rápidamente. No sabemos qué ocurre cuando la masa deviene extremadamente pequeña, pero lo más probable es que el agujero negro termine por desaparecer completamente.

agujero negro. Estamos acostumbrados a pensar que podemos conocer el pasado con exactitud, pero en realidad, si se pierde información en los agujeros negros, podría haber pasado cualquier cosa.

En general, sin embargo, la gente como los astrólogos y quienes los consultan están más interesados en predecir el futuro que en retrodecir el pasado. A primera vista, podría parecer que la pérdida de una parte de la función de onda en el agujero negro no impediría predecir la función de onda en el exterior de éste. Pero resulta que esta pérdida sí interfiere con tales predicciones, tal como podemos ver si consideramos un experimento mental propuesto por Einstein, Boris Podolsky y Nathan Rosen en la década de 1930.

Imaginemos que un átomo radiactivo decae y emite dos partículas en direcciones opuestas y con espines opuestos. Un observador que sólo mire una partícula no puede predecir si estará girando hacia la derecha o hacia la izquierda. Pero si al

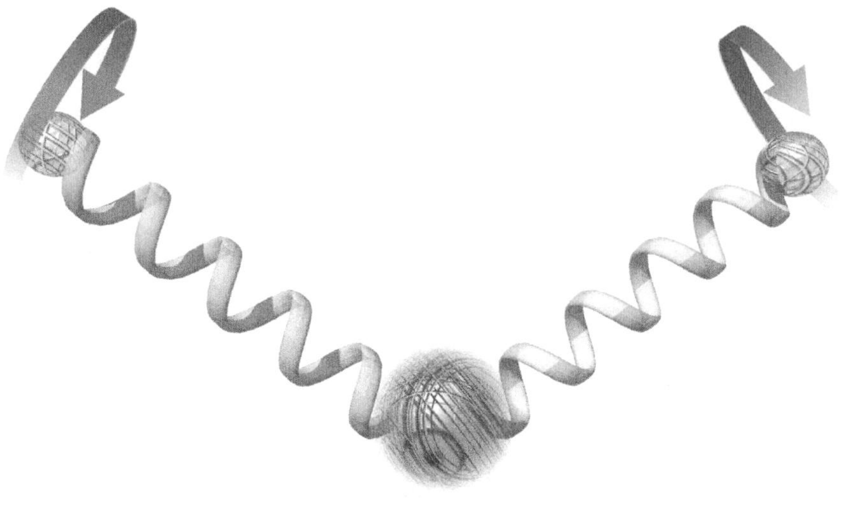

Fig. 4.20. En el experimento mental de Einstein-Podolsky-Rosen, el observador que ha medido el espín de una partícula sabrá la dirección del espín de la segunda partícula.

efectuar la medición observa que está girando hacia la derecha, puede predecir a ciencia cierta que la otra partícula estará girando hacia la izquierda, y viceversa (Fig. 4.20). Einstein pensó que esto demostraba que la teoría cuántica era ridícula, ya que en este momento la otra partícula se podría hallar en el confín de la galaxia, pero aun así sabríamos instantáneamente cómo está girando. Sin embargo, la mayoría de los otros científicos creen que era Einstein quien se confundía, y no la teoría cuántica. El experimento mental de Einstein-Podolsky-Rosen no demuestra que podamos enviar información con velocidad mayor que la de la luz. Sería ridículo. No podemos *escoger* que la partícula que mediremos nosotros esté girando hacia la derecha, por lo cual no podemos prescribir que la partícula del observador distante esté girando hacia la izquierda.

De hecho, este experimento mental describe exactamente lo que ocurre con la radiación del agujero negro. El par de partículas virtuales tendrá una función de onda que predice que los dos miembros tienen espines exactamente opuestos (Fig. 4.21). Lo que nos gustaría es predecir el espín y la función de onda de la partícula saliente, cosa que lograríamos si

Fig. 4.21. Un par de partículas virtuales tiene una función de onda que predice que ambas partículas tendrán espines opuestos. Pero si una de ellas cae en el agujero negro, es imposible predecir a ciencia cierta el espín de la partícula restante.

pudiéramos observar la partícula que ha caído al interior. Pero ahora esa partícula se halla dentro del agujero negro, donde su espín y su función de onda no pueden ser medidas. Por ello, no es posible predecir el espín ni la función de onda de la partícula que escapa. Puede tener diferentes espines o diferentes funciones de onda, con varias probabilidades, pero no tiene un único espín o una única función de onda. Por lo tanto, parecería que nuestro poder de predecir el futuro quedaría aún más reducido. La idea clásica de Laplace, de que podríamos predecir las posiciones y las velocidades de las partículas, tuvo que ser modificada cuando el principio de incertidumbre demostró que no se podía medir con precisión posiciones y velocidades a la vez. Sin embargo, todavía resultaba posible medir la función de onda y utilizar la ecuación de Schrödinger para calcular su evolución en el futuro. Ello nos permitiría predecir con certeza algunas combinaciones de posición y velocidad, que es la mitad de lo que podríamos

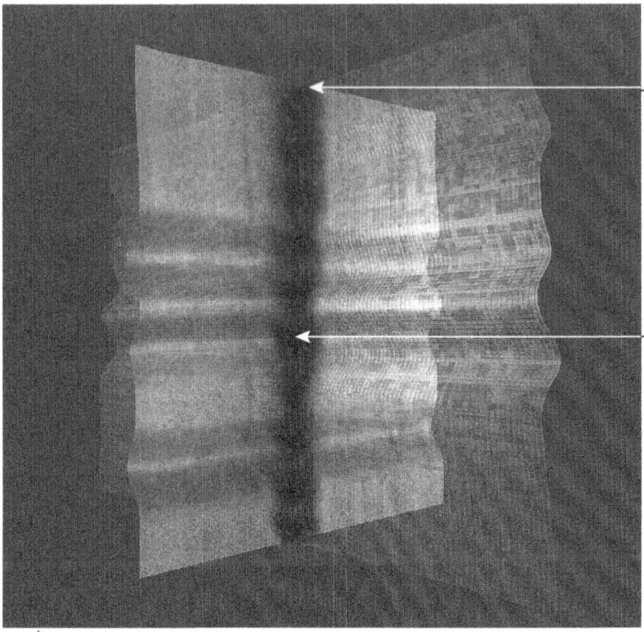

Fig. 4.22. Los agujeros negros pueden ser considerados como la intersección de p-branas en las dimensiones adicionales del espacio-tiempo. La información sobre los estados internos de los agujeros negros quedaría almacenada como ondas en las p-branas.

predecir según las ideas de Laplace. Podemos afirmar con certeza que las partículas tendrán espines opuestos pero, si una partícula cae al agujero negro, no podemos efectuar ninguna predicción segura sobre la partícula restante. Ello significa que en el exterior del agujero negro *ninguna* medida puede ser predicha con certeza: nuestra capacidad de formular predicciones definidas quedaría reducida a cero. Quizás, después de todo, la astrología no sea peor que las leyes de la ciencia en la predicción del futuro.

Esta reducción del determinismo desagradó a muchos físicos y sugirieron, por lo tanto, que la información de lo que hay en el interior de un agujero negro podría salir de alguna manera. Durante años, hubo tan sólo la esperanza piadosa de que se hallaría alguna manera de salvar la información. Pero en 1996, Andrew Strominger y Cumrum Vafa realizaron un progreso importante. Decidieron considerar el agujero negro

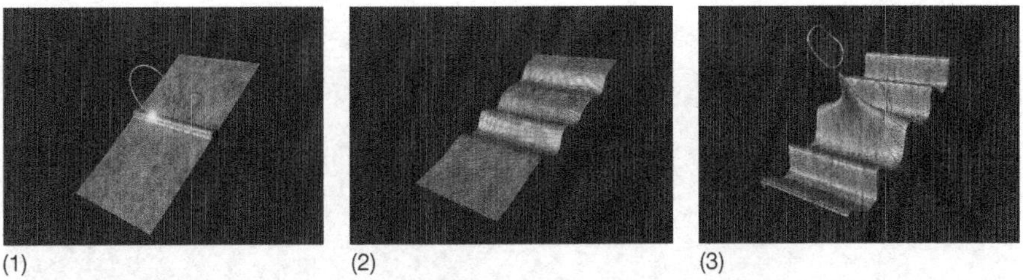

Fig. 4.23. Una partícula que cae en un agujero negro puede ser considerada como un bucle cerrado de una cuerda que golpea una p-brana (1) y excita ondas en ella (2). Las ondas pueden confluir y desgajar una parte de la p-brana para formar una cuerda cerrada (3). Ésta sería una partícula emitida por el agujero negro.

como si estuviera formado por un cierto número de bloques constituyentes, denominados «p-branas».

Recordemos que una de las maneras de considerar las p-branas es como hojas que se desplazan en las tres dimensiones del espacio y en las siete dimensiones adicionales que no podemos observar (véase la página 142, Fig. 4.22). En algunos casos, es posible demostrar que el número de ondas en las p-branas es igual a la cantidad de información que esperaríamos que contuviera el agujero negro. Si las partículas chocan con las p-branas, excitan en ellas ondas adicionales. Análogamente, si ondas que se mueven en diferentes direcciones en las p-branas confluyen en algún punto, pueden producir un pico tan grande que se desgarraría un fragmento de la p-brana y se marcharía en forma de partícula. Por lo tanto, las p-branas pueden absorber y emitir partículas, como lo hacen los agujeros negros (Fig. 4.23).

Podemos considerar las p-branas como una teoría efectiva; es decir, aunque no necesitamos creer que hay realmente pequeñas hojas que se desplazan en un espacio-tiempo plano, los agujeros negros podrían comportarse como si estuvieran formados por esas hojas. La situación es parecida a lo que ocurre con el agua: está formada por miles de millones de moléculas de H_2O con interacciones complicadas,

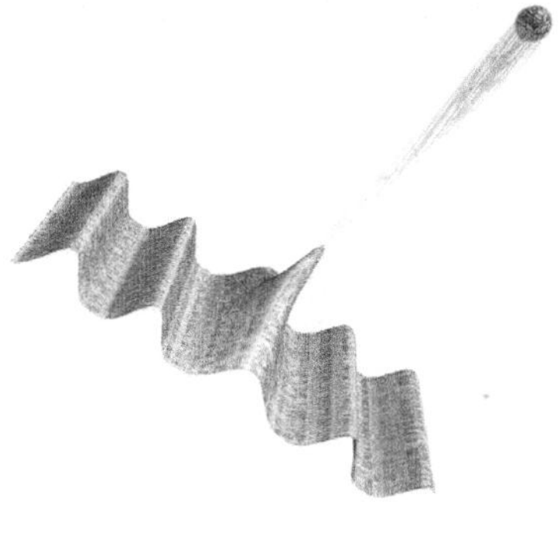

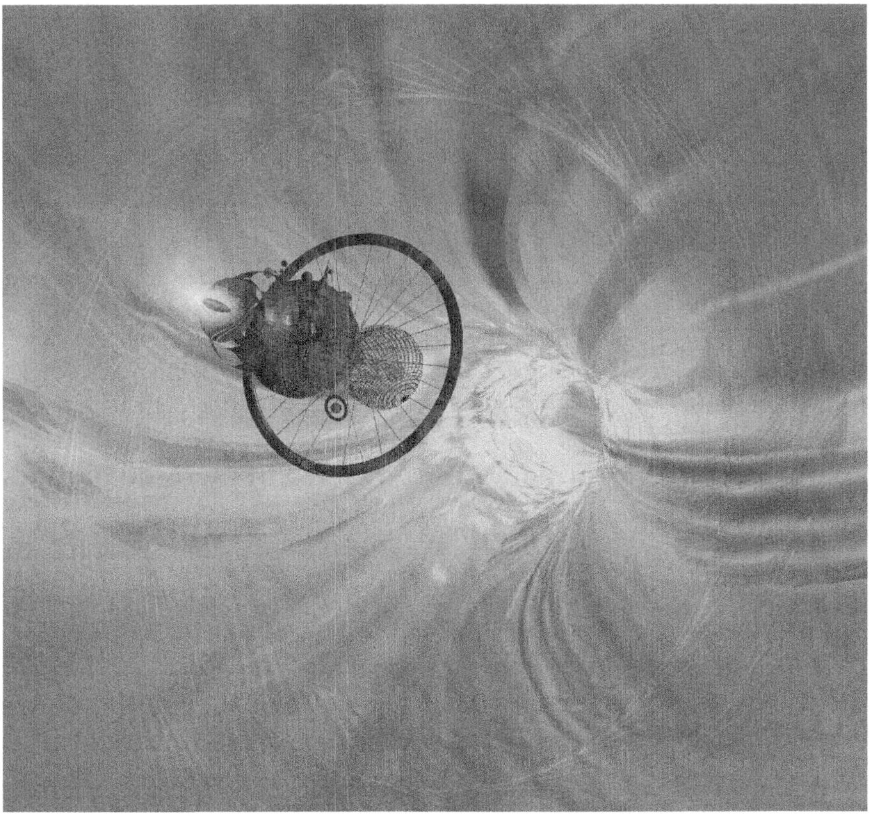

pero un fluido continuo proporciona un modelo efectivo muy bueno. El modelo matemático de los agujeros negros formados por p-branas conduce a resultados análogos a los de la descripción basada en pares de partículas virtuales, de la que hemos hablado anteriormente. Desde una perspectiva positivista, son modelos igualmente buenos, al menos para ciertas clases de agujeros negros. Para ellas, el modelo de p-branas predice exactamente la misma tasa de emisión que el de pares de partículas virtuales. Sin embargo, hay una diferencia importante: en el modelo de p-branas, la información de lo que cae en el agujero negro queda almacenada en la función de onda de las ondas de las p-branas. Éstas son consideras como hojas en un espacio-tiempo *plano* y, por ello, el tiempo fluirá continuamente hacia adelante, las trayectorias de los rayos de luz no se curvarán y la información en las ondas no se perderá, sino que acabará por salir del agujero negro en la radiación de las p-branas. Así, según el modelo de las p-branas, podemos utilizar la ecuación de Schrödinger para calcular la función de onda en instantes posteriores. No se perderá nada, y el tiempo transcurrirá suavemente. Tendremos determinismo completo en el sentido cuántico.

Pero, ¿cuál de estas descripciones es correcta? ¿Se pierde una parte de la función de onda en los agujeros negros, o toda la información vuelve a salir, como sugiere el modelo de las p-branas? Ésta es una de las grandes preguntas de la física teórica actual. Muchos investigadores creen que trabajos recientes demuestran que la información no se pierde. El mundo es seguro y predecible, y no ocurrirá nada inesperado. Pero no resulta claro que sea así. Si se considera seriamente la teoría de la relatividad general de Einstein, se debe permitir la posibilidad de que el espacio-tiempo forme nudos y se pierda información en los pliegues. Cuando la nave espacial *Enterprise* pasó por un agujero de gusano, ocurrió algo inesperado. Lo sé porque me hallaba a bordo, jugando a póquer con Newton, Einstein y Data. Tuve una gran sorpresa. ¡Ved qué apareció sobre mis rodillas!

Por cortesía de Paramount Pictures.
Star Trek: The Next Generation

5

Protegiendo el pasado

¿Es posible viajar en el tiempo? ¿Podría una civilización avanzada retroceder en el tiempo y cambiar el pasado?

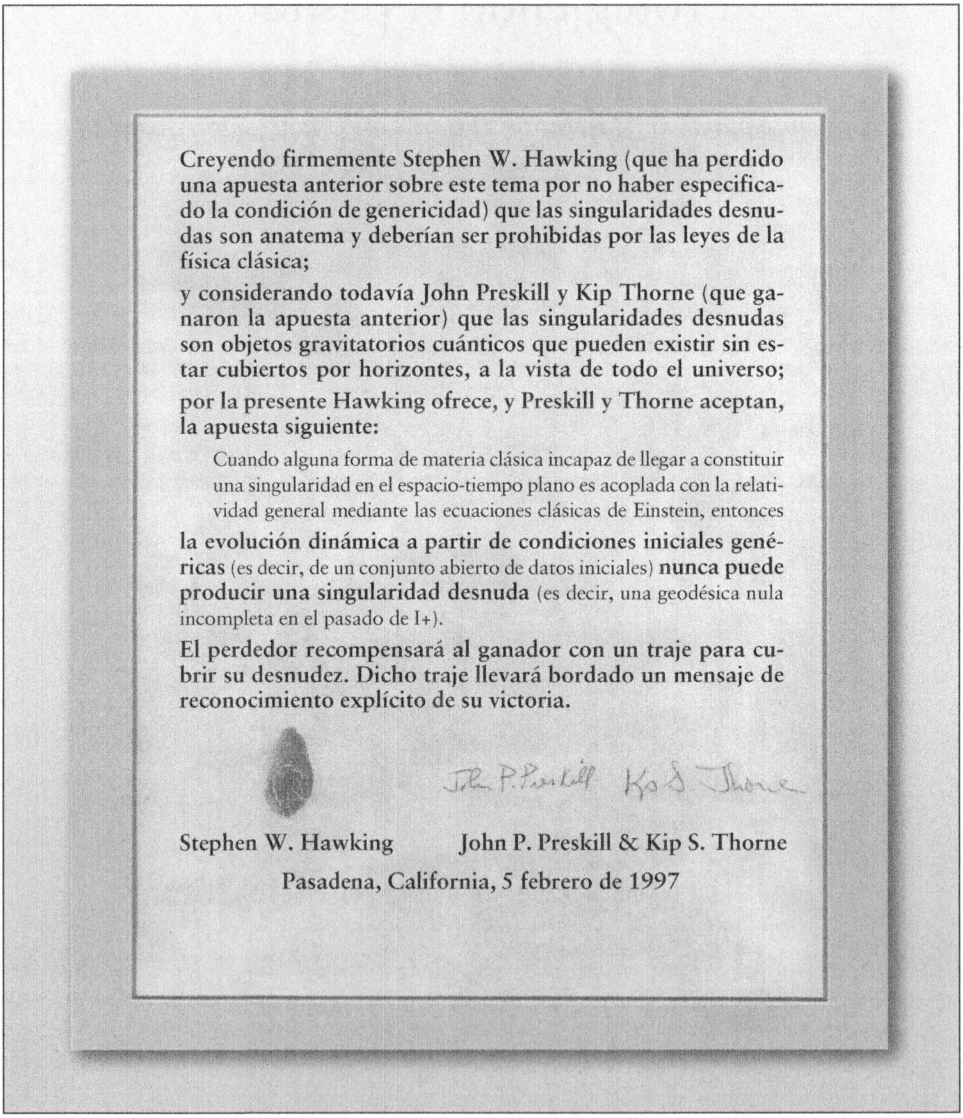

Creyendo firmemente Stephen W. Hawking (que ha perdido una apuesta anterior sobre este tema por no haber especificado la condición de genericidad) que las singularidades desnudas son anatema y deberían ser prohibidas por las leyes de la física clásica;

y considerando todavía John Preskill y Kip Thorne (que ganaron la apuesta anterior) que las singularidades desnudas son objetos gravitatorios cuánticos que pueden existir sin estar cubiertos por horizontes, a la vista de todo el universo;

por la presente Hawking ofrece, y Preskill y Thorne aceptan, la apuesta siguiente:

> Cuando alguna forma de materia clásica incapaz de llegar a constituir una singularidad en el espacio-tiempo plano es acoplada con la relatividad general mediante las ecuaciones clásicas de Einstein, entonces

la evolución dinámica a partir de condiciones iniciales genéricas (es decir, de un conjunto abierto de datos iniciales) **nunca puede producir una singularidad desnuda** (es decir, una geodésica nula incompleta en el pasado de I+).

El perdedor recompensará al ganador con un traje para cubrir su desnudez. Dicho traje llevará bordado un mensaje de reconocimiento explícito de su victoria.

Stephen W. Hawking — John P. Preskill & Kip S. Thorne

Pasadena, California, 5 febrero de 1997

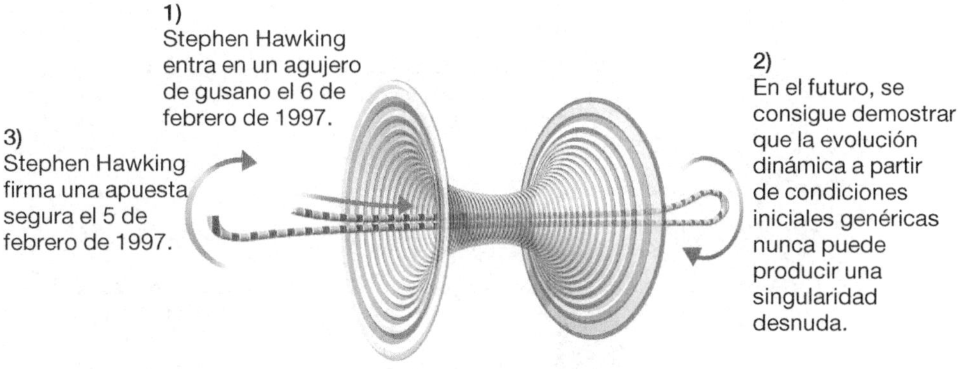

Mi amigo y colega Kip Thorne, con quien he hecho bastantes apuestas (izquierda), no es de los que siguen las líneas aceptadas en física sólo porque los demás también lo hacen. Esto le ha proporcionado el coraje de ser el primer científico serio que se ha planteado la posibilidad práctica de los viajes en el tiempo.

Es difícil especular abiertamente sobre los viajes en el tiempo. Uno se arriesga a que le acusen de malversar dinero público en cosas tan extravagantes o a una petición de que estas investigaciones se mantengan bajo secreto para ser utilizadas en aplicaciones militares. Al fin y al cabo, ¿cómo podríamos protegernos de alguien que tuviera una máquina del tiempo? Podría cambiar la historia y dominar el mundo. Sólo unos pocos de nosotros somos suficientemente alocados para trabajar en un tema tan políticamente incorrecto en los círculos de los físicos, pero lo disimulamos utilizando términos técnicos que disfrazan la idea de viajar en el tiempo.

La base de todas las discusiones modernas sobre viajes en el tiempo es la teoría general de la relatividad de Einstein. Como hemos visto en los capítulos anteriores, las ecuaciones de Einstein convierten el espacio y el tiempo en entidades dinámicas, al describir cómo se curvarían y se distorsionarían bajo la

Kip Thorne

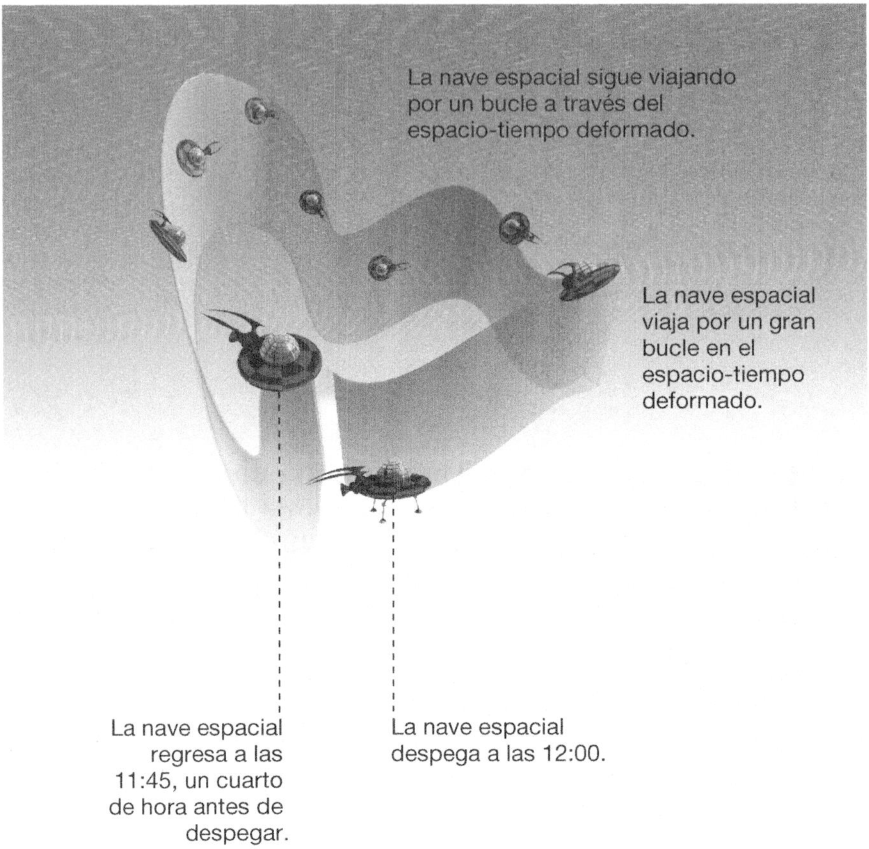

Fig. 5.1

acción de la materia y la energía del universo. En la relatividad general, el tiempo personal que alguien mide con su reloj de pulsera siempre aumenta, tal como ocurre en la física newtoniana o en la relatividad especial. Pero ahora hay la posibilidad de que el espacio-tiempo estuviera tan deformado que se pudiera despegar en una nave espacial y regresar antes de haber salido (Fig. 5.1).

Esto podría ocurrir, por ejemplo, si existieran los agujeros de gusano, los tubos de espacio-tiempo mencionados en el capítulo 4 que conectan diferentes regiones del espacio-tiempo. La idea es hacer entrar nuestra nave espacial en la boca de un agujero de gusano y salir por la otra boca en un lugar y un tiempo diferentes (véase la página 152, Fig. 5.2).

Si existen, los agujeros de gusano solucionarían el problema de los límites de velocidad en el espacio: tardaríamos decenas de miles de años en cruzar la galaxia en una nave espacial que viajara con velocidad menor que la de la luz, como exige la relatividad. Pero, por un agujero de gusano, podríamos ir al otro lado de la galaxia y estar de vuelta para cenar. Sin embargo, es posible demostrar que si existieran los agujeros de gusano podríamos utilizarlos para regresar antes de haber salido. Por lo tanto, podríamos hacer algo así como retroceder en el tiempo y dinamitar el cohete en la rampa de lanzamiento para impedir que nos lanzaran al espacio. Esto es una variación de la paradoja del abuelo: ¿qué ocurre si regresamos al pasado y matamos a nuestro abuelo antes de que fuera concebido nuestro padre? (véase la página 154, Fig. 5.3).

Naturalmente, ello sólo constituye una paradoja si creemos que al regresar al pasado tendremos libertad para hacer lo que queramos. Este libro no entrará en discusiones filosóficas sobre el libre albedrío, sino que se concentrará sobre si las leyes de la física permiten que el espacio-

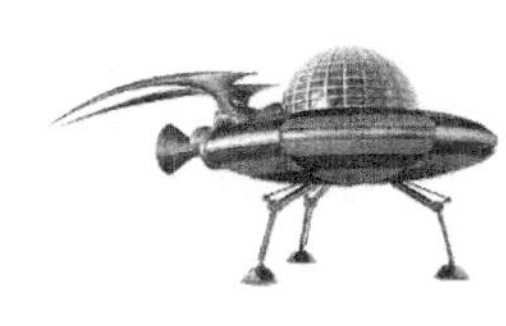

tiempo llegue a estar suficientemente deformado para que cuerpos macroscópicos, como por ejemplo una nave espacial, puedan regresar a su propio pasado. Según la teoría de Einstein, las naves espaciales viajan necesariamente con una velocidad menor que la de la luz y siguen en el espacio-tiempo lo que se llama «trayectorias temporales». Así pues, podemos formular la pregunta en términos más técnicos: ¿admite el espacio-tiempo curvas temporales cerradas?; es decir, que regresen a su punto de comienzo una y otra vez. Me referiré a estos caminos como «bucles temporales».

Podemos intentar responder esta pregunta en tres niveles. El primero es la teoría de la relatividad general de Einstein, que supone que el universo tiene una historia bien definida y sin ninguna incertidumbre. Según esta teoría clásica, podemos tener una descripción bastante completa. Pero, como hemos visto, esta teoría no puede ser completamente correcta, porque observamos que la materia está sujeta a incertidumbre y a fluctuaciones cuánticas.

Por lo tanto, podemos plantear la pregunta sobre los viajes en el tiempo a un segundo nivel, el de la teoría semiclásica. En

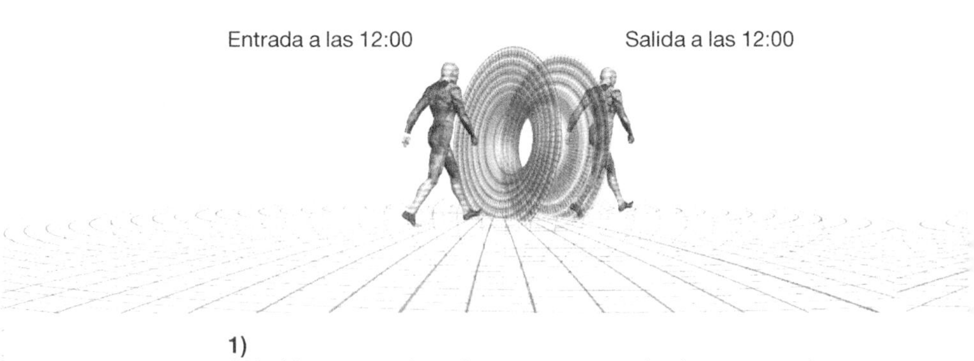

Fig. 5.2. SEGUNDA VARIACIÓN DE LA PARADOJA DE LOS GEMELOS

ella, consideramos que la materia se comporta según la teoría cuántica, con incertidumbre y fluctuaciones, pero que el espacio-tiempo está bien definido y es clásico. Ahora, la descripción resulta menos completa pero, al menos, aún tenemos alguna idea de cómo proceder.

Finalmente, hay la teoría completamente cuántica de la gravitación, sea la que sea. En ella, no sólo la materia sino también el tiempo y el espacio mismos son inciertos y fluctúan, y no resulta claro ni tan siquiera cómo plantear la cuestión de si es posible viajar en el tiempo. Quizás lo mejor que

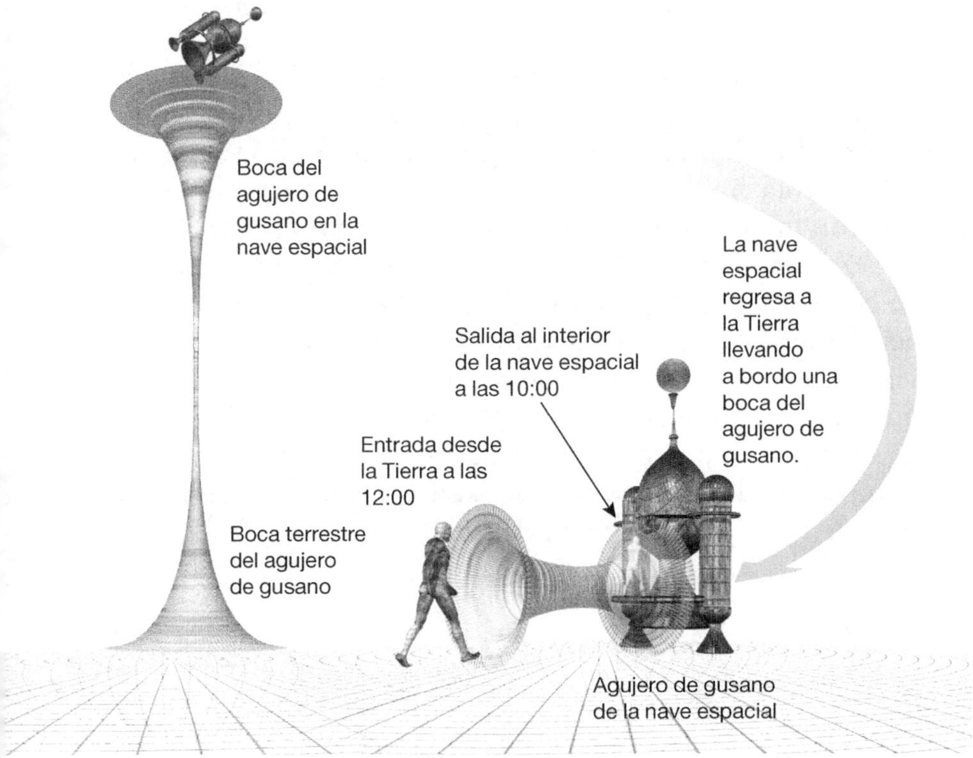

2)
Podemos imaginar que llevamos una de las bocas de un agujero de gusano a un largo viaje en una nave espacial, mientras su otra boca permanece en la Tierra.

3)
Debido al efecto de la paradoja de los gemelos, cuando la nave espacial regresa, ha transcurrido menos tiempo para la boca contenida en la nave que para la que ha permanecido en tierra. Ello implicaría que si entramos por la boca terrestre del agujero, podríamos salir a la nave espacial en un tiempo

Fig. 5.3. ¿Podría una bala, disparada a través de un agujero de gusano hacia un instante anterior, afectar a la persona que la dispara?

podemos hacer es preguntar cómo interpretarían sus mediciones los habitantes de regiones en que el espacio-tiempo fuera aproximadamente clásico y sin incertidumbres. ¿Pensarían que había habido un viaje en el tiempo en regiones de gravitación intensa y grandes fluctuaciones cuánticas?

Empezaremos con la teoría clásica: ni el espacio-tiempo plano de la relatividad especial (relatividad sin gravedad) ni los primeros espacio-tiempos curvados que se conocieron permiten viajar en el tiempo. Por lo tanto, resultó una auténtica conmoción para Einstein el que, en 1949, Kurt Gödel, del teorema de Gödel (véase la página 156, recuadro), descubriera un espacio-tiempo que describía un universo lleno de materia en rotación, y que tenía bucles temporales en cada punto (Fig. 5.4).

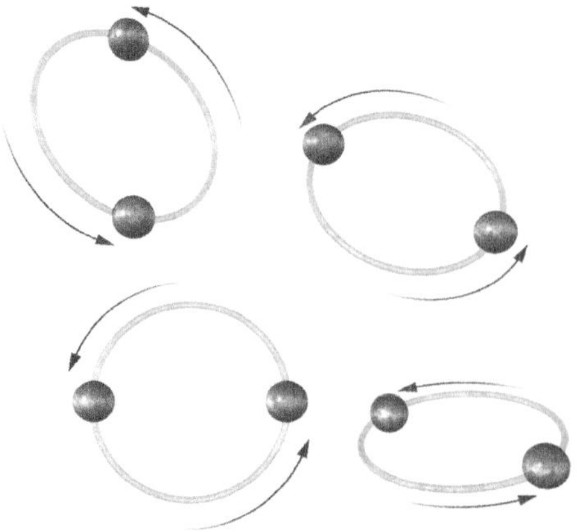

Fig. 5.4. ¿Admite el espacio-tiempo curvas cerradas de tipo temporal, que regresen una y otra vez a su punto de partida?

CUERDAS CÓSMICAS

Las cuerdas cósmicas son objetos largos y pesados, de sección transversal minúscula, que podrían haber sido producidos durante las etapas primitivas del universo. Una vez formadas, las cuerdas cósmicas siguieron siendo estiradas por la expansión del universo y en la actualidad podrían atravesar toda la longitud del universo observable.

La existencia de cuerdas cósmicas es sugerida por teorías modernas de partículas, que predicen que en las etapas primitivas y calientes del universo la materia se hallaba en una fase simétrica, más parecida al agua líquida —que es simétrica en cada punto y cada dirección— que a los cristales de hielo, que tienen una estructura discreta.

Cuando el universo se enfrió, la simetría de la fase primitiva se podría haber roto de diferentes maneras en regiones distantes. Por consiguiente, en esas regiones, la materia cósmica se hallaría en diferentes estados fundamentales. Las cuerdas cósmicas son las configuraciones adoptadas por la materia en los bordes entre estas regiones.

Su formación es por lo tanto una consecuencia inevitable del hecho de que diferentes regiones tengan diferentes estados fundamentales.

La solución de Gödel exigía una constante cosmológica, que puede existir o no en la naturaleza, pero posteriormente fueron halladas otras soluciones que no requerían dicha constante. Un caso particularmente interesante corresponde a dos cuerdas cósmicas que se atraviesan mutuamente a gran velocidad.

Las cuerdas cósmicas no deben ser confundidas con las cuerdas de la teoría de cuerdas, aunque tienen alguna relación. Se trata de objetos que tienen longitud pero cuya sección transversal es minúscula. Su existencia la predicen algunas teorías de partículas elementales. Fuera de una cuerda cósmica, el espacio-tiempo es plano. Sin embargo, es un espacio-tiempo plano al que falta un sector circular, cuyo vértice se hallaría en la cuerda. La situación es parecida a un cono: tomemos un círculo de papel y recortémosle un sector, como una porción de pastel, cuyo vértice esté en el centro del círculo. Saquemos la pieza que hemos recortado y peguemos entre sí los bordes de la pieza restante, de manera que obtengamos un cono. Éste representa el espacio-tiempo alrededor de una cuerda cósmica (Fig. 5.5).

EL TEOREMA DE INCOMPLETITUD DE GÖDEL

En 1931, el matemático Kurt Gödel demostró su famoso teorema de incompletitud sobre la naturaleza de las matemáticas. El teorema afirma que en cualquier sistema formal de axiomas, como por ejemplo las matemáticas actuales, siempre quedan cuestiones que no pueden ser demostradas en afirmativo ni en negativo sobre la base de los axiomas que definen el sistema. En otras palabras, Gödel demostró que hay problemas que no pueden ser resueltos por ningún conjunto de reglas o procedimientos. El teorema de Gödel, que establece límites fundamentales sobre las matemáticas, conmocionó la comunidad científica, ya que destronó la creencia muy extendida de que las matemáticas son un sistema completo y coherente basado en fundamentos lógicos simples. El teorema de Gödel, el principio de incertidumbre de Heisenberg y la imposibilidad práctica de ni siquiera seguir la evolución de un sistema determinista caótico, forman un conjunto esencial de limitaciones del conocimiento científico que no fueron descubiertas hasta el siglo XX.

Obsérvese que como la superficie del cono es la hoja plana inicial (menos el sector circular que hemos recortado), todavía podemos llamarla «plana» excepto en el vértice. Pero en éste hay una curvatura, como lo indica el hecho de que un círculo trazado a su alrededor tiene una circunferencia menor que la que tendría un círculo del mismo radio y el mismo centro en la hoja plana original. En otras palabras, un círculo alrededor del vértice es más corto de lo que esperaríamos para un círculo de aquel radio en un espacio plano, a causa del sector que le hemos sustraído (Fig. 5.6).

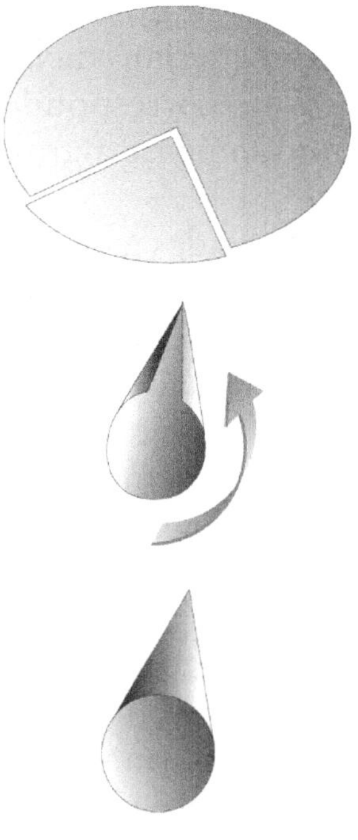

Fig. 5.5

Análogamente, en el caso de una cuerda cósmica, la ausencia del sector circular que ha sido eliminado del espacio-tiempo plano acorta los círculos alrededor de la cuerda, pero no afecta el tiempo ni la distancia a lo largo de la misma. Ello significa que el espacio-tiempo que circunda una sola cuerda

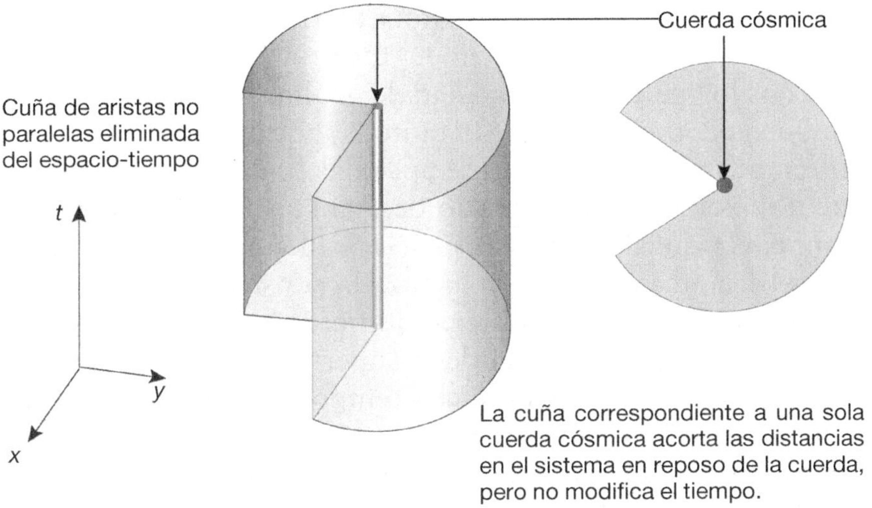

Fig. 5.6

cósmica no contiene bucles temporales, de manera que en él no es posible viajar hacia el pasado. Sin embargo, si una segunda cuerda cósmica se mueve con relación a la primera, su dirección temporal será una combinación de las direcciones espaciales y temporal de la primera. Ello implica que el recorte del sector correspondiente a la segunda cuerda acortará no sólo las distancias en el espacio sino también los intervalos temporales vistos por alguien que se desplace con la primera cuerda (Fig. 5.7). Si las cuerdas cósmicas se mueven la una respecto a la otra con velocidades próximas a la de la luz, el ahorro de tiempo al rodear ambas cuerdas puede ser tan grande que se llegue antes de haber salido. En otras palabras, hay bucles temporales que permiten viajar al pasado.

El espacio-tiempo de las cuerdas cósmicas contiene materia con densidad de energía positiva y es consistente con las leyes de la física que conocemos. Sin embargo, la deformación producida por el bucle temporal se extiende hasta el infinito en el espacio y hasta el pasado infinito en el tiempo. Así pues, estos espacio-tiempos incorporaban ya desde su creación la posibilidad de viajar en el tiempo. No tenemos motivos para creer que nuestro propio universo fuera creado con este tipo de deformación, y no hay evidencias fiables de visitantes del futuro. (Dejo de lado la teoría de la conspiración, según la cual los ovnis vienen del futuro y el gobierno lo sabe pero nos lo oculta. Su capacidad de ocultar información no es tan buena como esto.) Por lo tanto, supondré que en el pasado remoto no había bucles temporales o, con más precisión, que no los había en el pasado de una superficie del espacio-tiempo a la que llamaré «superficie S». La pregunta es entonces ¿podría una civilización avanzada construir una máquina del tiempo? Es decir, ¿podría modificar el espacio-tiempo en el futuro de S (por encima de la superficie S en el diagrama) de manera que aparezcan bucles temporales en una región finita? Digo una región finita porque cualquier civilización, por avanzada que sea, presumiblemente sólo puede controlar una parte finita del universo.

En ciencias, hallar la formulación adecuada de un problema acostumbra a ser la clave para resolverlo, y la cuestión que estamos examinando nos proporciona un buen ejemplo de ello. Para definir lo que queremos decir con máquina del tiempo, retrocederé a algunos de mis primeros trabajos. El viaje en el tiempo es posible en una región del espacio-tiempo en que haya bucles temporales, caminos que corresponden a movi-

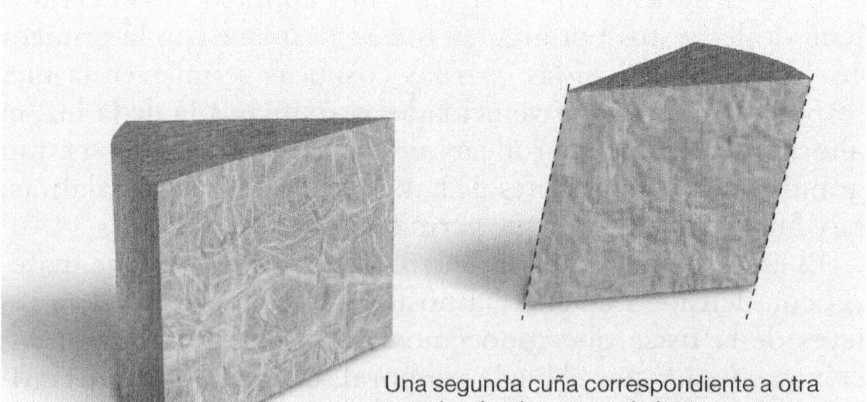

Una segunda cuña correspondiente a otra cuerda cósmica en movimiento acorta las distancias tanto en el espacio como en el tiempo, en el sistema en reposo de la primera cuerda cósmica.

Fig. 5.7

mientos con velocidad menor que la de la luz pero que, sin embargo, debido a la deformación del espacio-tiempo, logran regresar a la posición y al tiempo de donde partieron. Como he supuesto que en el pasado remoto no había bucles temporales, debe de haber lo que llamo un «horizonte» de viajes en el tiempo, la frontera que separa la región en que hay bucles temporales de la región en que no los hay (Fig. 5.8).

Los horizontes de viajes en el tiempo vienen a ser como los de los agujeros negros. Así como el horizonte de un agujero negro está formado por los rayos de luz que están a punto de caer en él, un horizonte de viajes en el tiempo está formado por los rayos de luz que están justo a punto de cerrarse sobre sí mismos. Tomo entonces como criterio para la posibilidad de una máquina del tiempo lo que llamo un «horizonte finitamente generado», a saber, un horizonte formado por rayos de luz que emergen de una región acotada. En otras palabras, no vienen del infinito ni de una singularidad, sino que proceden de una región finita que contiene bucles temporales —el tipo de región que se supone crearía la hipotética civilización avanzada—.

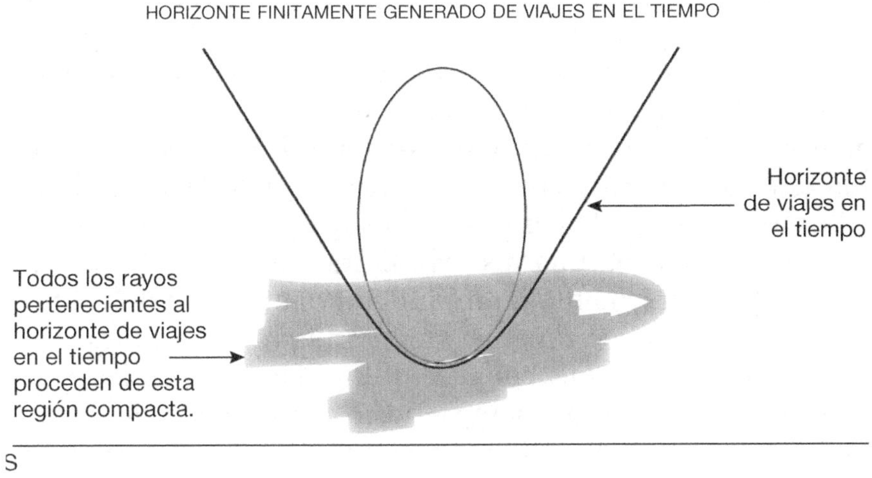

Fig. 5.8. Incluso las civilizaciones más avanzadas sólo podrían deformar el espacio-tiempo en una región finita. El horizonte de viajes en el tiempo, es decir, la frontera de la región del espacio-tiempo en que es posible viajar al pasado de uno mismo, estaría formado por los rayos de luz que emergen de regiones finitas.

La pregunta es: ¿podría una civilización avanzada construir una máquina del tiempo?

Al adoptar esta definición como impronta característica de una máquina del tiempo, tenemos la ventaja de poder utilizar la maquinaria matemática que Roger Penrose y yo desarrollamos para estudiar singularidades y agujeros negros. Incluso sin utilizar las ecuaciones de Einstein, puedo demostrar que, en general, un horizonte finitamente generado contendrá un rayo de luz que se cierre realmente sobre sí mismo, es decir, un rayo que regrese una y otra vez al mismo punto. Cada vez que el rayo regresara, estaría más desplazado hacia el azul, de manera que las imagenes se harían cada vez más azules. Las crestas de las ondas de un pulso de luz se aproximarían cada vez más entre sí y la luz daría la vuelta en intervalos de tiempo cada vez más cortos. De hecho, una partícula de luz sólo tendría una historia finita, en su propia medida del tiempo, aun cuando girara indefinidamente en una región finita sin chocar con ninguna singularidad de curvatura.

Podemos desentendernos de si una partícula de luz completa su historia en un tiempo finito. Pero puedo demostrar que hay caminos correspondientes a velocidades menores que la de la luz que también tendrían una duración finita. Podrían ser, por ejemplo, las historias de observadores que quedaran atrapados en una región finita antes del horizonte y que girarían cada vez más rápido hasta que llegarían a la velocidad de la luz en un tiempo finito. De manera que si una hermosa ex-

Fig. 5.9. El peligro de los viajes en el tiempo.

traterrestre en un platillo volante le invita a subir a su máquina del tiempo, vaya con cuidado: podría caer en una de estas historias atrapadas repetitivas de duración finita (Fig. 5.9).

Estos resultados no dependen de las ecuaciones de Einstein sino sólo de la deformación que el espacio-tiempo debería tener para producir bucles temporales en una región finita. Sin embargo, podemos preguntar ahora qué tipo de materia debería utilizar una civilización avanzada para deformar el espacio-tiempo lo suficiente como para construir una máquina del tiempo de tamaño finito. ¿Puede tener densidad de energía positiva por doquier, como en el espacio-tiempo esa cuerda cósmica descrito anteriormente? El espacio-tiempo de esa cuerda cósmica no satisfacía el requisito de que los bucles temporales estuvieran en una región finita. Sin embargo, podríamos pensar que ello se debía tan sólo a que las cuerdas cósmicas eran infinitamente largas. Podríamos imaginar la posibilidad de construir una máquina del tiempo finita utilizando bucles finitos de cuerdas cósmicas, con densidad de energía positiva por doquier. Es una lástima defraudar a gente como Kip, que quiere regresar al pasado, pero ello no puede conseguirse con densidad de energía positiva por doquier. Puedo demostrar que para construir una máquina del tiempo finita se necesita energía negativa.

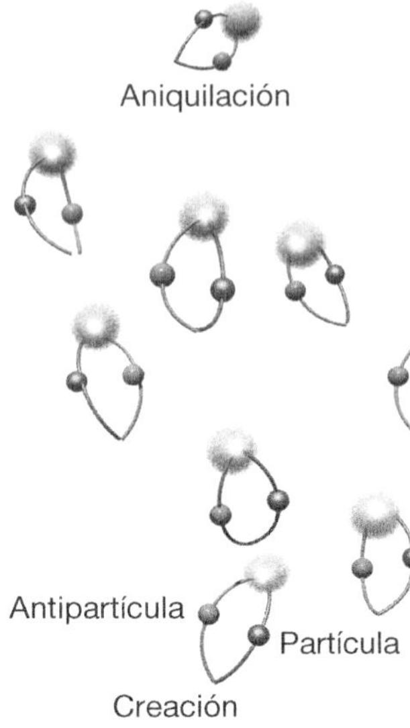

Fig. 5.10. La predicción de que los agujeros negros emiten radiación y pierden masa significa que la teoría cuántica impone un flujo de energía negativa hacia el interior del agujero negro a través de su horizonte de sucesos. Para que el tamaño del agujero negro se reduzca, la densidad de energía en su horizonte debe ser negativa, que es el signo necesario para construir una máquina del tiempo.

En la teoría clásica, la densidad de energía es siempre positiva, de manera que las máquinas del tiempo de tamaño finito quedan descartadas a este nivel. Pero la situación es diferente en la teoría semiclásica, en que la materia se comporta según la teoría cuántica pero el espacio-tiempo está bien definido y es clásico. Como hemos visto, el principio de incertidumbre de la teoría cuántica impone que los campos siempre están fluctuando, incluso en un espacio aparentemente vacío, y tienen una densidad de energía que es infinita. Por lo tanto, debemos sustraer una cantidad infinita para obtener la densidad de energía finita que observamos en el universo. Esta sustracción puede dejar una densidad de energía negativa, al menos localmente. Incluso en un espacio plano, podemos hallar estados cuánticos cuya densidad de energía sea localmente negativa, aunque la energía total sea positiva. Podemos preguntarnos si estos valores negativos hacen realmente que el espacio-tiempo se deforme de la manera adecuada para construir una máquina del tiempo finita, pero parece que debe ser así. Como vimos en el capítulo 4, las fluctuaciones cuánticas implican que incluso el espacio aparentemente vacío está lleno de pares de partículas virtuales que aparecen conjuntamente, se desplazan y después vuelven a encontrarse y a aniquilarse mutuamente (Fig. 5.10). Un miembro de un par de partículas virtuales tendrá energía positiva y el otro energía negativa. En presencia de un agujero negro, el miembro de energía negativa puede caer a éste y el de energía positiva logra escapar al infinito, donde aparece como radiación que se lleva energía positiva del agujero negro. Las partículas de energía negativa que caen a su interior hacen que el agujero negro pierda masa y se evapore lentamente, de modo que el tamaño de su horizonte va disminuyendo (Fig. 5.11).

La materia ordinaria con densidad de energía positiva tiene un efecto gravitatorio atractivo y deforma el espacio-tiempo de tal suerte que los rayos de luz se curvan los unos hacia los otros —tal como la bola sobre la lámina de goma del capítulo 2 siempre hace que las bolas pequeñas se curven hacia ella, y nunca apartándose de ella.

Esto implica que el área del horizonte de un agujero negro sólo puede aumentar con el tiempo, pero nunca reducirse. Para que el horizonte de un agujero negro se encogiera, su densidad de energía debería ser negativa y deformar el espacio-tiempo de manera que los rayos divergieran los unos de los otros. Caí en

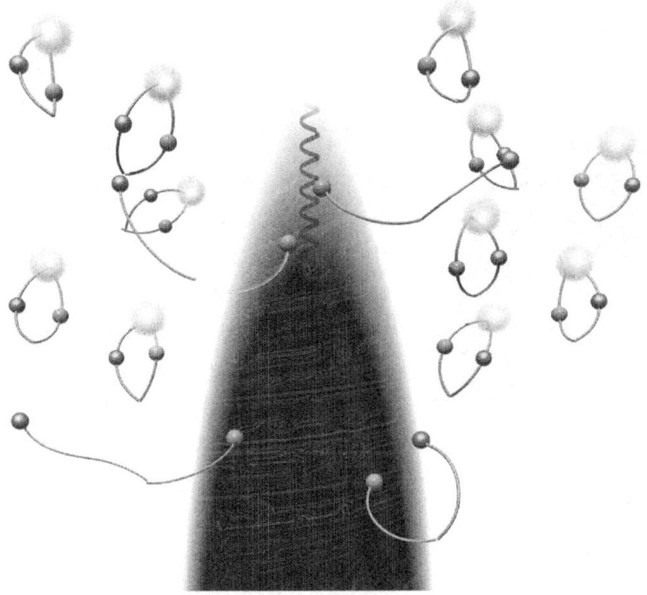

Fig. 5.11

la cuenta de ello por primera vez cuando me estaba metiendo en la cama poco después del nacimiento de mi hija. No diré cuánto tiempo hace, pero ahora ya tengo un nieto.

La evaporación de los agujeros negros demuestra que, a nivel cuántico, la densidad de energía puede ser a veces negativa y deformar el espacio-tiempo en el sentido necesario para construir una máquina del tiempo. Así pues, podríamos imaginar que una civilización muy avanzada pudiera conseguir que la densidad de energía fuera suficientemente negativa para construir una máquina del tiempo utilizable por objetos macroscópicos, como por ejemplo naves espaciales. Sin embargo, hay una importante diferencia entre el horizonte de un agujero negro, formado por rayos que están a punto de escapar, y el horizonte de una máquina del tiempo, que contiene rayos de luz cerrados que siguen girando indefinidamente. Una partícula virtual que se moviera en uno de estos caminos cerrados llevaría su energía del estado fundamental una y otra vez al mismo punto. Por lo tanto, se debería esperar que la densidad de energía se hiciera infinita en el horizonte —es decir, en la frontera de la máquina del tiempo, la región en la cual podemos viajar al pasado. Ello se sigue de cálculos explícitos en unos pocos espacio-tiempos de fondo suficientemente simples que permiten hacer cálculos exactos. Esto significaría que una persona o una sonda espacial que intentara cruzar el horizonte para entrar en la máquina del tiempo sería fulminada por un estallido de radiación (Fig. 5.12). Por lo tanto, el futuro de los viajes en el tiempo parece negro —¿o deberíamos decir cegadoramente blanco?—.

Mi nieto, William Mackenzie Smith.

La densidad de energía de la materia depende del estado en que se halla, de manera que es posible que una civilización avanzada pueda conseguir que la densidad de energía en la frontera de la máquina del tiempo sea finita, «congelando» o

Fig. 5.12. Cuando atravesáramos el horizonte de los viajes en el tiempo podríamos ser fulminados por un estallido de radiación.

eliminando las partículas virtuales que giran una y otra vez en bucles cerrados. No es claro, sin embargo, que esa máquina del tiempo fuera estable: la menor perturbación, como la producida por alguien que cruzara el horizonte para entrar en la máquina del tiempo, podría poner de nuevo en circulación partículas virtuales y provocar un estallido. Ésta es una cuestión que los físicos deberían poder discutir en libertad sin ser ridiculizados. Incluso si resulta que los viajes en el tiempo son imposibles, es importante que lleguemos a comprender por qué es así.

Para responder definitivamente esta pregunta, debemos considerar las fluctuaciones cuánticas no sólo de los campos de materia, sino del propio espacio-tiempo. Podríamos esperar que éstas provocaran cierta difuminación de las trayectorias de los rayos de luz y pusieran en cuestión el concepto de ordenación temporal. En efecto, podemos considerar la radiación de los agujeros negros como algo que escapa de ellos porque las fluctuaciones cuánticas del espacio-tiempo hacen que el horizonte no esté definido exactamente. Como todavía no disponemos de una teoría completa de la gravedad cuántica, es difícil decir qué efectos deberían tener las fluctuaciones

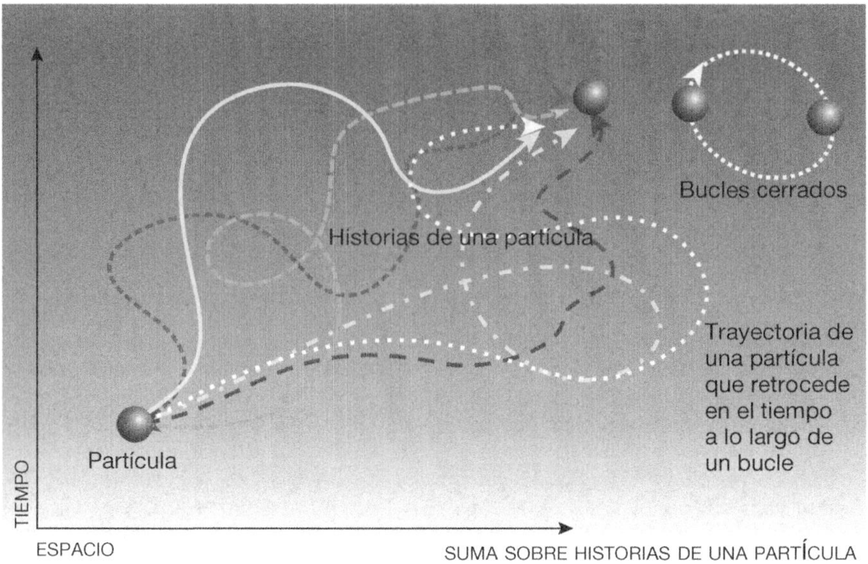

Fig. 5.13. La suma sobre historias de Feynman tiene que incluir historias en que las partículas viajan hacia atrás y hacia delante en el tiempo, e incluso historias que son bucles cerrados en el tiempo y el espacio.

del espacio-tiempo. Pero podemos esperar obtener algunas indicaciones acerca de ello mediante la suma de Feynman sobre historias descrita en el capítulo 3.

Cada historia será un espacio-tiempo curvo con campos de materia en su interior. Como se supone que debemos efectuar la suma sobre todas las historias posibles, y no sólo sobre las que satisfacen unas ecuaciones determinadas, esa suma debe incluir espacio-tiempos suficientemente deformados para permitir el viaje hacia el pasado (Fig. 5.13). Por lo tanto, la pregunta es: ¿por qué no hay viajes en el tiempo en cualquier punto? La respuesta es que a escala microscópica tienen lugar efectivamente viajes en el tiempo, pero no los observamos. Si aplicamos la idea de Feynman de la suma sobre historias a una partícula, debemos incluir historias en que ésta vaya más rápido que la luz e incluso retroceda en el tiempo. En particular, habría historias en que la partícula giraría una y otra vez en un bucle cerrado en el tiempo y en el espacio. Sería como la película *Atrapados en el tiempo*, en que un periodista tiene que vivir el mismo día una y otra vez (Fig. 5.14).

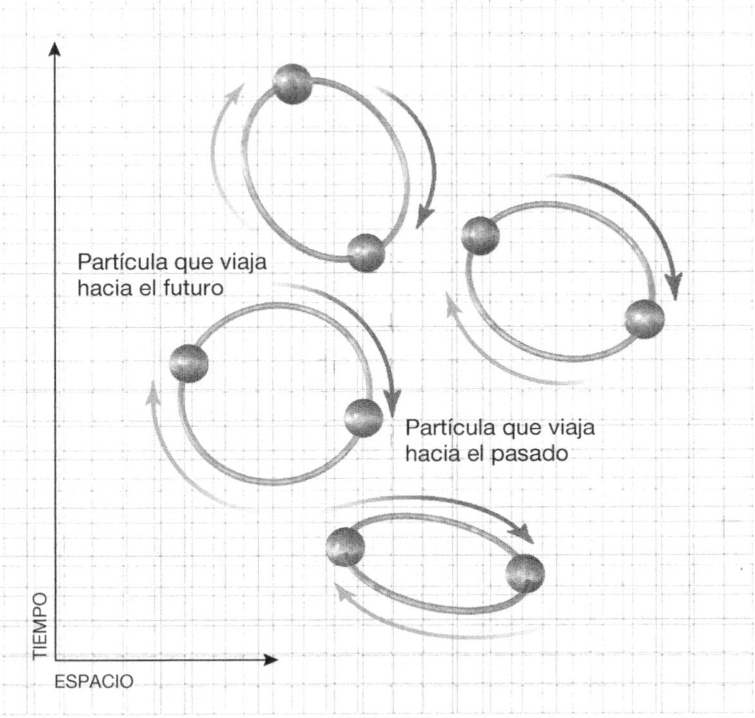

Fig. 5.14

No podemos observar directamente las partículas correspondientes a estas historias en bucle cerrado, pero sus efectos indirectos han sido medidos en diversos experimentos. Uno de ellos consiste en un pequeño desplazamiento de la luz emitida por los átomos de hidrógeno, debido a electrones que se mueven en bucles cerrados. Otro es una pequeña fuerza entre placas metálicas paralelas debida a que hay ligeramente menos historias en bucle cerrado que puedan ser ajustadas entre las placas, en comparación con la región exterior; otra interpretación equivalente del efecto Casimir. Así pues, la existencia de historias en bucle cerrado es confirmada experimentalmente (Fig. 5.15).

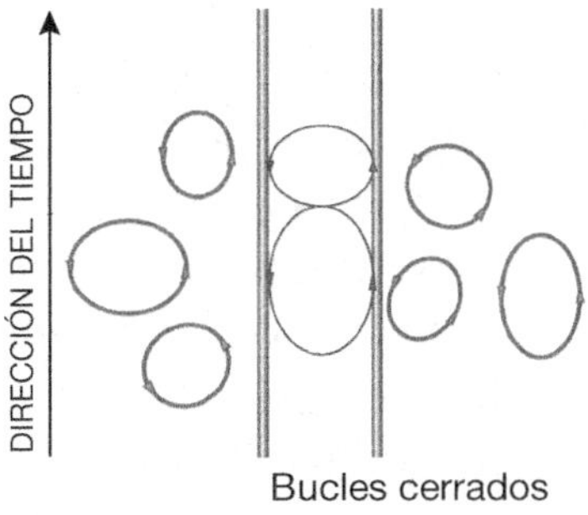

Fig. 5.15

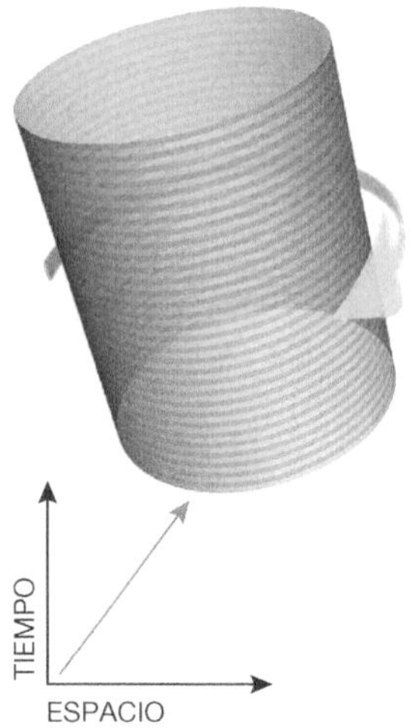

Fig. 5.16. El universo de Einstein es como un cilindro: finito en el espacio y constante en el tiempo. Debido a su tamaño finito, puede girar de manera que la velocidad de todos sus puntos sea menor que la de la luz.

Podría discutirse si las historias de partículas en bucle cerrado se relacionan con la deformación del espacio-tiempo, porque, al fin y al cabo, también se desarrollan en espacio-tiempos fijos, como por ejemplo un espacio plano. Pero en los años recientes hemos encontrado que los fenómenos de la física a menudo admiten descripciones duales, igualmente válidas. Tan adecuado es decir que una partícula se mueve en un bucle cerrado sobre un espacio-tiempo fijo dado, como que la partícula está fija y el espacio y el tiempo fluctúan a su alrededor. Es sólo una cuestión de si efectuamos primero la suma sobre las trayectorias de la partícula y después la suma sobre los espacio-tiempos curvados, o viceversa.

Parece, por lo tanto, que la teoría cuántica permite viajar en el tiempo a escala microscópica. Sin embargo, esto no resulta muy útil para los objetivos de la ciencia ficción, como regresar al pasado y matar al abuelo. La pregunta es, pues: ¿puede la probabilidad en la suma sobre historias tener un pico alrededor de espacio-tiempos con bucles temporales macroscópicos?

Podemos investigar esta cuestión estudiando la suma sobre historias de campos de materia en una serie de espacio-tiempos de fondo que estén cada vez más próximos a admitir bucles temporales. Podríamos esperar que cuando aparecieran por primera vez bucles temporales ocurriera algo espectacular, y ello es lo que se sigue de un ejemplo sencillo que he examinado con mi estudiante Michael Cassidy.

Los espacio-tiempos de la serie que estudiamos están estrechamente relacionados con lo que se llama «el universo de Einstein», el espacio-tiempo que Einstein propuso cuando creía que el universo era estático e inmutable en el tiempo, sin expandirse ni contraerse (véase el capítulo 1). En el universo de Einstein, el tiempo transcurre desde el pasado infinito al futuro infinito. Las direcciones espaciales, sin embargo, son finitas y se cierran sobre sí mismas, como la superficie terrestre pero con una dimensión más. Podemos imaginar este espacio-tiempo como un cilindro cuyo eje mayor es la dirección temporal y cuya sección transversal representa las direcciones espaciales.

Como el universo de Einstein no se expande, no corresponde al universo en que vivimos, pero proporciona una base conveniente para el estudio de los viajes en el tiempo, porque es suficientemente sencillo para que se pueda efectuar la suma sobre las historias. Olvidando por un momento el viaje en el tiempo, consideremos la materia en un universo de Einstein, que gira alrededor de un eje. Si estuviéramos en éste, permaneceríamos en el mismo punto del espacio, tal como cuando estamos de pie en el centro de un tiovivo para niños. Pero si no estuviéramos en el eje, nos desplazaríamos al girar a su alrededor y, cuanto más lejos estuviéramos del eje, más rápidamente nos moveríamos (Fig. 5.17). Análogamente, si el universo fuera infinito en el espacio, los puntos suficientemente distantes del eje deberían girar con velocidad superior a la de la luz. Sin embargo, como el universo de Einstein es finito en las direcciones espaciales, hay una tasa crítica de rotación por debajo de la cual ninguna parte del universo gira con velocidad superior a la de la luz.

Consideremos ahora la suma sobre historias de una partícula en un universo rotante de Einstein. Cuando la rotación es lenta, hay muchos caminos que la partícula podría tomar utilizando una cantidad dada de energía. Así pues, la suma sobre todas las historias de la partícula en este fondo tiene una amplitud elevada. Ello significa que la probabilidad de este fondo sería elevada en la suma sobre todas las historias

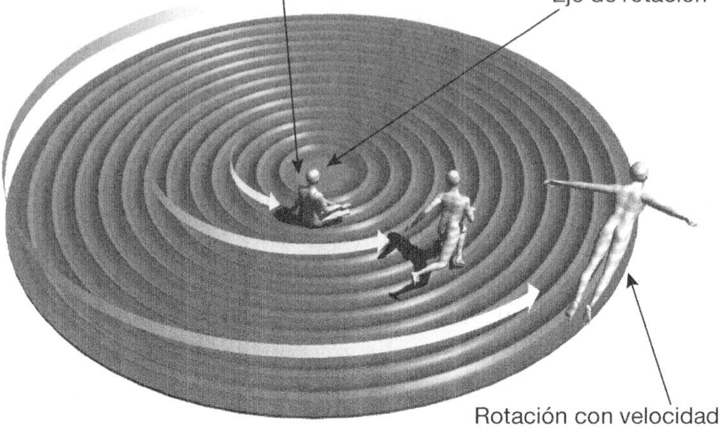

Fig. 5.17. En un espacio plano, una rotación rígida implica una velocidad mayor que la de la luz suficientemente lejos del eje de rotación.

de espacio-tiempos curvados; es decir, se hallaría entre las historias más probables. Sin embargo, a medida que la tasa de rotación del universo de Einstein se acercara al valor crítico, en que su borde exterior se mueve con la velocidad de la luz, sólo quedaría sobre éste un camino permitido clásicamente para la partícula, a saber, el que corresponde a la velocidad de la luz. Ello significa que la suma sobre las historias de la partícula será pequeña y, por lo tanto, la probabilidad de estos espacio-tiempos de fondo será baja en la suma sobre todas las historias de espacio-tiempos curvados. Es decir, son los menos probables.

¿Qué tienen que ver los universos rotantes de Einstein con los viajes en el tiempo y los bucles temporales? La respuesta es que son matemáticamente equivalentes a otros fondos que admiten bucles temporales. Estos otros fondos corresponden a universos que se expanden en dos direcciones espaciales pero no en la tercera dirección espacial, que es periódica. Es decir, si avanzamos una cierta distancia en esta dirección, volvemos a estar donde empezamos. Sin embargo, cada vez

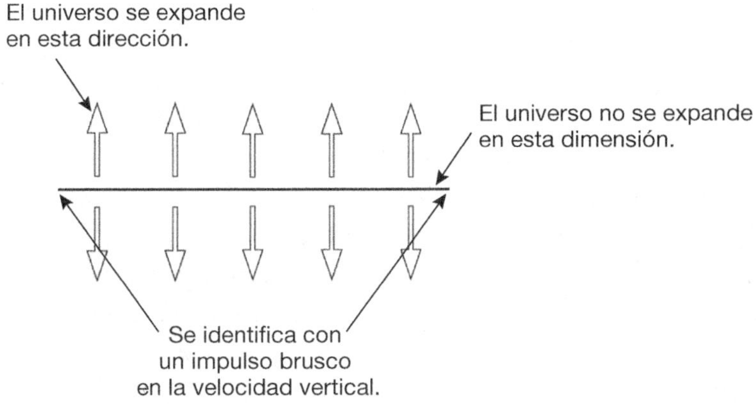

Fig. 5.18. Espacio-tiempo de fondo con curvas temporales cerradas.

que hacemos el circuito en la tercera dirección espacial, nuestra velocidad en la primera o la segunda dirección recibe un impulso brusco (Fig. 5.18).

Si el impulso es pequeño, no hay bucles temporales. Sin embargo, al considerar una secuencia de fondos con impulsos crecientes en la velocidad, vemos que para un cierto impulso crítico, aparecerán bucles temporales. No sorprende que este impulso crítico corresponda a la tasa crítica de rotación de los universos de Einstein. Como en estos espacio-tiempos los cálculos de la suma sobre historias son matemáticamente equivalentes, podemos concluir que su probabilidad tiende a cero a medida que se aproximan a la deformación necesaria para tener bucles temporales. En otras palabras, la probabilidad de tener una curvatura suficiente para una máquina del tiempo es nula. Esto apoya lo que he llamado «conjetura de protección de la cronología», mencionada al fín del capítulo 2: que las leyes de la física conspiran para impedir que los objetos macroscópicos puedan viajar en el tiempo.

Aunque los bucles temporales son permitidos por la suma sobre historias, su probabilidad es extremadamente pequeña. Basándome en argumentos de dualidad que he mencionado antes, he evaluado que la probabilidad de que Kip Thorne pudiera regresar al pasado y matar a su abuelo es menor que uno dividido por un uno seguido de un billón de billones de billones de billones de billones de ceros.

Esta probabilidad es francamente pequeña, pero si observamos atentamente la foto de Kip, podemos ver una ligera difuminación en sus bordes: corresponde a la ínfima posibilidad de que algún bastardo del futuro regrese y mate a su abuelo, de manera que él no exista realmente.

Como jugadores empedernidos, Kip y yo apostaríamos incluso contra probabilidades como ésta. El problema es que no podemos apostar el uno contra el otro, porque ahora estamos los dos en el mismo bando. Además, yo nunca apostaría con nadie más: podría venir del futuro y saber que es posible viajar en el tiempo.

Se pueden preguntar si este capítulo forma parte de un informe gubernamental sobre viajes en el tiempo. Podría ser que no estuvieran equivocados.

6

¿Será nuestro futuro como *Star Trek* o no?

Cómo la vida biológica y electrónica se seguirá desarrollando en complejidad con un ritmo cada vez más rápido

Newton, Einstein, el Comandante Data y yo jugando a póquer en una escena de Star Trek.

El motivo de que la serie *Star Trek* sea tan popular es que presenta una visión del futuro segura y reconfortante. Soy un entusiasta de esta serie, por lo cual resultó fácil persuadirme a participar en un episodio en que jugaba a póquer con Newton, Einstein y el Comandante Data. Les gané a todos pero, por desgracia, hubo una alerta roja y no pude recoger lo que había ganado.

Star Trek muestra una sociedad muy avanzada respecto a la nuestra en ciencia, tecnología y organización política. (Esto último no resulta difícil.) En el tiempo que va desde ahora hasta entonces debe de haber habido grandes cambios, pero se supone que, en el período mostrado en la serie, la ciencia, la tecnología y la organización de la sociedad han alcanzado un nivel próximo a la perfección.

Quiero cuestionar esta imagen y preguntarnos si la ciencia y la tecnología llegarán a alcanzar un estado final estacionario. En los diez mil años transcurridos desde la última glaciación, en ningún momento la especie humana se ha hallado en un estado de conocimiento constante y tecnología fija. Incluso ha habido algunos retrocesos, como en las edades oscuras posteriores a la caída del Imperio romano, pero la población mundial, que constituye un indicador de nuestra capacidad tecnológica de conservar la vida y alimentarnos, ha aumentado incesantemente, con sólo unas pocas caídas como la debida a la peste negra (Fig. 6.1).

En los últimos doscientos años, el crecimiento de la pobla-

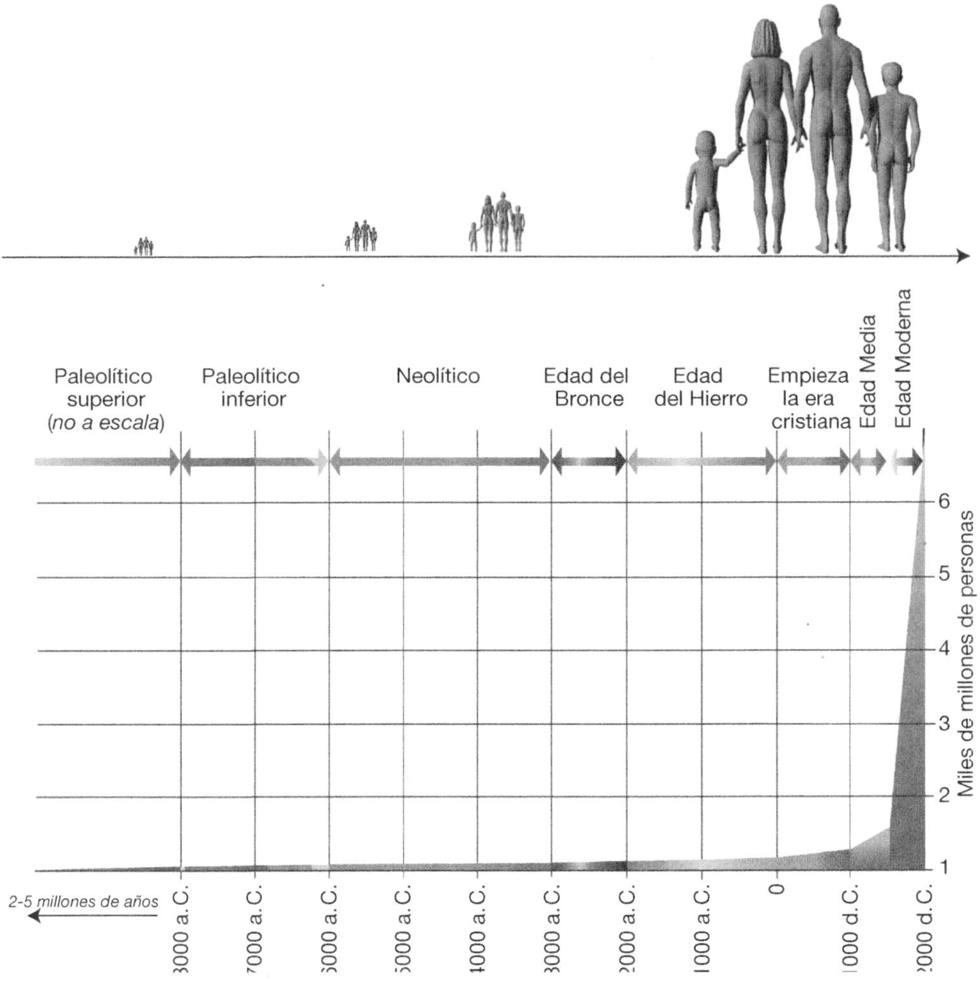

Fig. 6.1. CRECIMIENTO DE LA POBLACIÓN

ción se ha hecho exponencial; es decir, la población crece cada año el mismo porcentaje. Actualmente, la tasa de crecimiento es de 1,9 por 100 anual. Esto puede parecer poco, pero significa que la población mundial se duplica cada cuarenta años (Fig. 6.2).

Otros indicadores del desarrollo tecnológico reciente son el consumo de electricidad y el número de artículos científicos publicados, que también muestran crecimiento exponencial, con tiempos de duplicación menores que cuarenta años. No hay indicios de que el desarrollo científico y tecnológico se vaya a frenar y a detenerse en el futuro próximo —ciertamente no en la época de *Star Trek*, que se supone que ocurre en un futuro no muy lejano—. Pero si el crecimiento de población y el consumo de electricidad siguen al ritmo actual, en el año 2600 la población mundial se estará tocando hombro con hombro, y el consumo de electricidad hará que la Tierra se ponga al rojo vivo (véase la ilustración de la página 178).

Si se pusieran en fila todos los nuevos libros publicados, deberíamos desplazarnos a ciento cincuenta kilómetros por hora para mantenernos al frente de la hilera. Naturalmente, en el año 2600 los nuevos trabajos científicos y artísticos tendrán formato electrónico, en vez de ser libros y revistas. Sin embargo, si continuara el crecimiento exponencial, se publicarían diez artículos por segundo en mi especialidad de física teórica, y no tendría tiempo de leerlos.

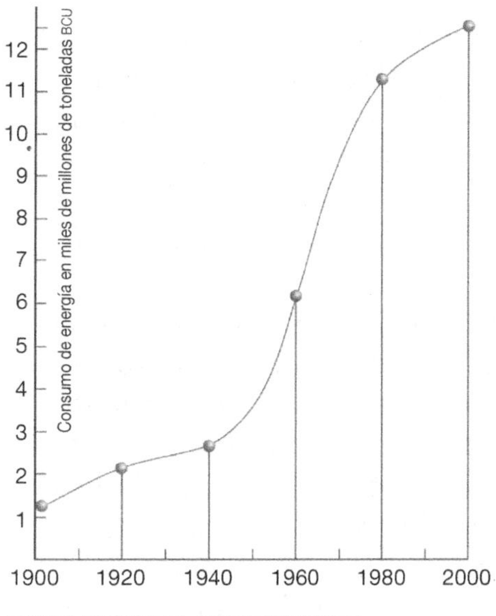

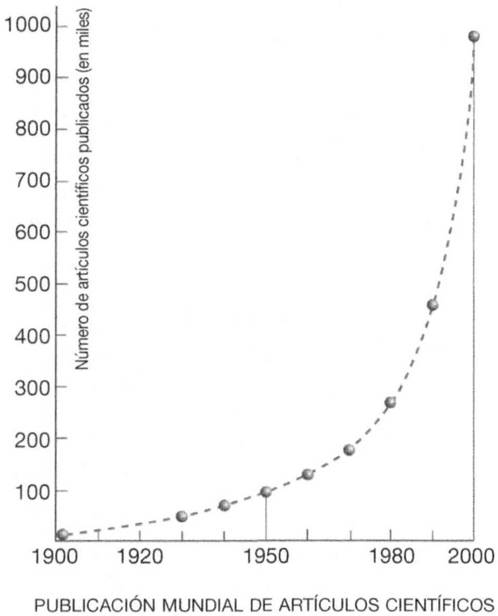

Fig 6.2. Izquierda: *El consumo mundial de electricidad en miles de millones de toneladas BCU (*Bituminous Coal Units, *unidades de carbón bituminoso), donde 1 tonelada BCU = 8,13 MWh.*
Derecha: *Número de artículos científicos publicados anualmente. La escala vertical está expresada en miles de artículos: en 1900 se publicaron unos 9.000; en 1950, unos 90.000 y en el año 2000, unos 900.000.*

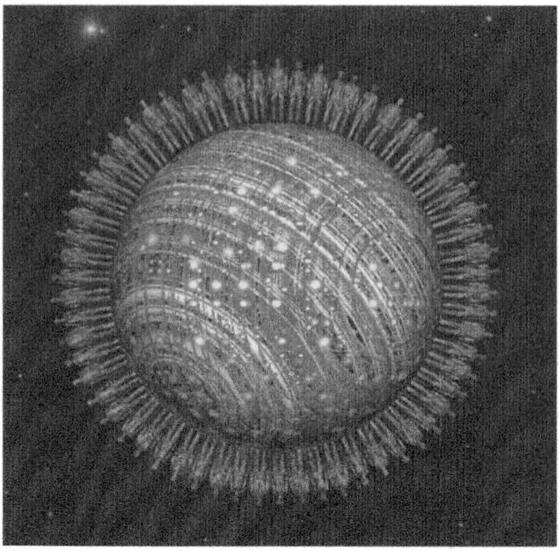

Hacia el año 2600, la población mundial estaría tocándose hombro con hombro, y el consumo de electricidad pondría la Tierra al rojo vivo.

Claramente, el crecimiento exponencial actual no puede continuar indefinidamente. Por lo tanto, ¿qué va a ocurrir? Una posibilidad es que nos autodestruyamos completamente provocando algún desastre, como por ejemplo una guerra nuclear. Sería una triste ironía que el motivo por el cual no hemos sido contactados por extraterrestres fuera que cuando una civilización alcanza nuestro estadio de desarrollo deviene inestable y se autodestruye. Sin embargo, soy optimista. No creo que la especie humana haya llegado tan lejos sólo para eliminarse a sí misma cuando las cosas se están poniendo interesantes.

La visión de futuro presentada en *Star Trek* —es decir, que se alcanza un nivel avanzado pero esencialmente estático— puede llegar a ser verdad en lo que se refiere al conocimiento de las leyes básicas que rigen el universo. Como describiré en el capítulo siguiente, podría haber una teoría última y la podríamos descubrir en un futuro no demasiado distante. Esta teoría última, si existe, determinaría si el sueño de *Star Trek* de viajar por los atajos de las deformaciones del universo podrá ser realizado. Según las ideas actuales, tendremos que explorar la galaxia de una manera lenta y aburrida, utilizando naves espaciales que viajan con velocidad menor que la de la luz, pero como todavía no tenemos una teoría unificada completa, no podemos desechar completamente los viajes por atajos del espacio-tiempo.

Por otro lado, ya conocemos las leyes que se cumplen en todas las situaciones, salvo las más extremas: las que gobiernan la tripulación del *Enterprise*, si no la nave espacial misma. Aun así, no parece que tengamos que alcanzar un estado estático en la aplicación de esas leyes o en la complejidad de los sistemas que podamos producir mediante ellas. Esta complejidad, precisamente, será el objeto de este capítulo.

Los sistemas más complicados que conocemos son, con mucho, nuestros propios cuerpos. La vida parece haberse originado en los océanos primitivos que recubrían la Tierra hace unos cuatro mil millones de años. No sabemos cómo se produjo este inicio. Podría ser que las colisiones aleatorias entre los átomos formaran macromoléculas capaces de autorreproducirse y juntarse para formar estructuras más complicadas. Lo que sabemos es que hace unos tres mil quinientos millones de años, la complicadísima molécula del ADN (o DNA) ya había emergido.

El ADN es la base de la vida en la Tierra. Tiene una estructura de doble hélice, como una escalera de caracol, descubierta por Francis Crick y James Watson en el laboratorio Cavendish

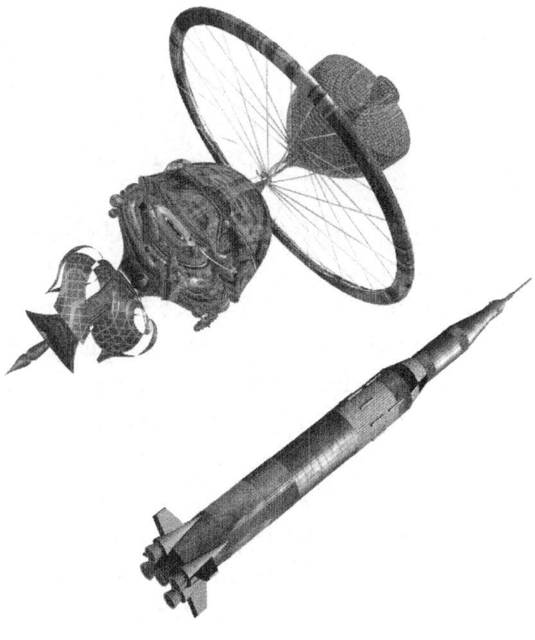

Fig. 6.3. La línea argumental de Star Trek *depende crucialmente de que la nave espacial* Enterprise *pueda viajar por los atajos de las deformaciones del espacio-tiempo, mucho más velozmente que la luz. Sin embargo, si la conjetura de protección de la cronología es correcta, tendremos que explorar la galaxia utilizando naves espaciales impulsadas por cohetes, que viajarán con velocidad menor que la de la luz.*

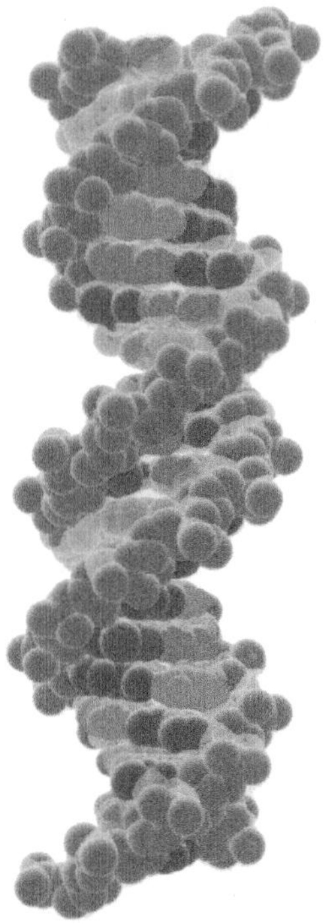

de Cambridge en 1953. Los dos hilos de la doble hélice están unidos por pares de bases nitrogenadas, como los escalones de una escalera de caracol. Hay cuatro tipos de bases: citosina, guanina, timina y adenina. El orden en que las diferentes bases se presentan a lo largo de la escalera de caracol contiene la información genética que permite que la molécula de ADN reúna en torno a sí un organismo y se autorreproduzca. Cuando el ADN hace copias de sí mismo, se producen algunos errores ocasionales en el orden de los pares de bases a lo largo de la espiral. En la mayoría de los casos, estos errores de copia hacen que el nuevo ADN sea incapaz o menos capaz de autoreproducirse, lo cual significa que estos errores genéticos, o mutaciones, están llamados a desaparecer. Pero en unos pocos casos, el error o mutación *aumenta* las posibilidades de supervivencia y reproducción del ADN. Tales cambios en la información genética serán favorecidos. Así es como la información contenida en la secuencia de las bases en los ácidos nucleicos evoluciona y aumenta gradualmente en complejidad (véase la página 181, Fig. 6.4).

Como la evolución biológica es básicamente un camino aleatorio en el espacio de todas las posibilidades genéticas, ha sido muy lenta. La complejidad, o número de bits de información codificada en el ADN, es aproximadamente igual al número de pares de bases contenidas en la molécula de este ácido nucleico. Durante los primeros dos mil millones de años, aproximadamente, la tasa de aumento de la complejidad debió de haber sido del orden de un bit de información cada cien años. En los últimos pocos millones de años, la tasa de incremento de complejidad del ADN aumentó gradualmente hasta un bit por año. Pero hace seis mil u ocho mil años, hubo una novedad importantísima: se desarrolló el lenguaje escrito. Ello significó que la información podía ser transmitida de una generación a la siguiente sin tener que esperar el proceso

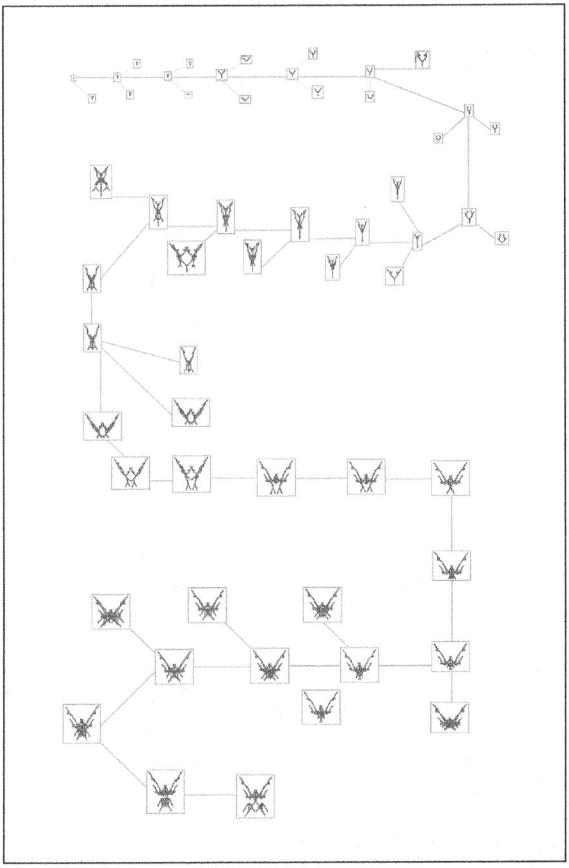

Fig. 6.4. LA EVOLUCIÓN EN ACCIÓN
A la derecha hay formas biológicas generadas por ordenador que evolucionaron según un programa ideado por el biólogo Richard Dawkins. La supervivencia de una cepa particular dependía de cualidades sencillas como ser «interesante», «diferente» o «parecido a un insecto». Empezando por un solo píxel, las primeras generaciones aleatorias se desarrollaron según un proceso semejante a la selección natural. Dawkins consiguió una forma de insecto en tan sólo unas 29 generaciones (con diversas vías muertas evolutivas).

lentísimo de mutaciones aleatorias y selección natural que la codifica en la secuencia del ADN. El grado de complejidad aumentó enormemente. La diferencia entre el ADN de los primates y de los humanos podría ser contenida en una novela sencilla, y la secuencia completa del ADN humano podría escribirse en una enciclopedia de treinta volúmenes (Fig. 6.5).

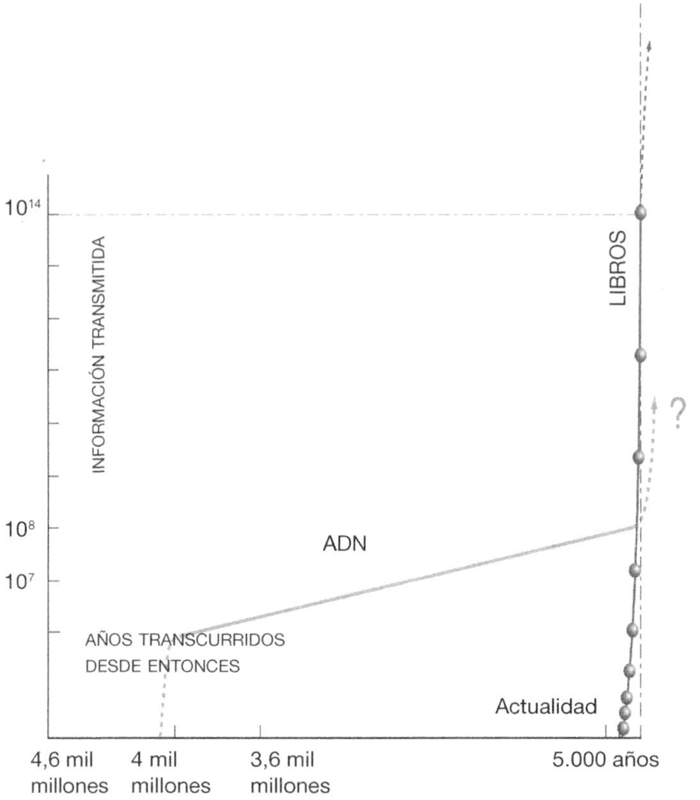

Desarrollo de la complejidad desde la formación de la Tierra (no a escala).

Mayor importancia aún reviste el hecho de que la información de los libros puede ser actualizada rápidamente. La tasa actual con que el ADN humano está siendo actualizado por la evolución biológica es de un bit por año. Pero cada año se publican doscientos mil nuevos libros, que suponen una tasa de nueva información de aproximadamente un millón de bits por segundo. Naturalmente, la mayoría de esta información es basura pero aun así, si sólo un bit por millón resultara útil, ello supone todavía una rapidez cien mil veces mayor que la de la evolución biológica.

La transmisión de datos a través de medios externos, no biológicos, ha llevado a la especie humana a dominar el mundo y a tener una población exponencialmente creciente. Pero

Fig. 6.5

ahora nos hallamos en el comienzo de una nueva era, en que podremos aumentar la complejidad de nuestro registro interno, el ADN, sin tener que esperar el lento proceso de la evolución biológica. En los últimos diez mil años no ha habido cambios importantes en el ADN humano, pero es probable que podamos rediseñarlo completamente en los próximos mil años. Naturalmente, mucha gente opina que la ingeniería genética con humanos debería ser prohibida, pero es dudoso que logremos impedirla. La ingeniería genética de plantas y animales será permitida por razones económicas, y tarde o temprano alguien lo intentará con humanos. A menos que tengamos un orden totalitario mundial, alguien, en algún lugar, diseñará seres humanos mejorados.

Claramente, la creación de seres humanos mejorados producirá grandes problemas sociales y políticos respecto a los humanos no mejorados. No es mi intención defender la ingeniería genética humana como un desarrollo deseable, sino solamente decir que es probable que ocurra tanto si queremos como si no. Éste es el motivo por el que no creo en la ciencia ficción como *Star Trek*, donde la gente de dentro de cuatrocientos años es esencialmente igual a la de hoy. Creo que la especie humana, y su ADN, aumentarán rápidamente de complejidad. Deberíamos admitir esta posibilidad y considerar cómo reaccionar frente a ella.

En cierta manera, la especie humana necesita mejorar sus cualidades mentales y físicas si tiene que tratar con el mundo crecientemente complicado de su alrededor y estar a la altura de nuevos retos como los viajes espaciales. Los humanos también necesitan aumentar su complejidad si queremos que los

El cultivo de embriones fuera del cuerpo humano permitirá cerebros más grandes y mayor inteligencia.

seres biológicos se mantengan por delante de los electrónicos. En la actualidad, los ordenadores tienen la ventaja de la rapidez, pero aún no muestran señales de inteligencia. Ello no es sorprendente, ya que los ordenadores actuales son menos complicados que el cerebro de una lombriz de tierra, una especie no muy notable por sus dotes intelectuales.

Pero los ordenadores siguen lo que se llama «ley de Moore»: su velocidad y complejidad se duplican cada dieciocho meses (Fig. 6.6). Es uno de los crecimientos exponenciales que claramente no pueden seguir indefinidamente. Sin embargo, probablemente continuará hasta que los ordenadores alcancen una complejidad semejante a la del cerebro humano. Algunos afirman que los ordenadores nunca mostrarán auténtica inteligencia, sea ésta lo que sea. Pero me parece que si moléculas químicas muy complicadas pueden funcionar en los cerebros y hacerlos inteligentes, entonces, circuitos electrónicos igualmente complicados pueden llegar a conseguir que los ordenadores actúen de manera inteligente. Y si llegan a ser inteligentes, presumiblemente podrán diseñar ordenadores que tengan incluso mayor complejidad e inteligencia.

Este aumento de complejidad biológica y electrónica ¿proseguirá indefinidamente, o existe algún límite natural? Del lado biológico, el límite de la inteligencia humana ha sido establecido hasta el presente por el tamaño del cerebro que puede pasar por el conducto materno. Como he visto el nacimiento de mis tres hijos, sé cuán difícil es que salga la cabeza. Pero espero que en el siglo que acabamos de iniciar conseguiremos desarrollar bebés en el exterior del cuerpo humano, de manera que esta limitación quedará eliminada. En última instancia, sin embargo, el crecimiento del tamaño del cerebro

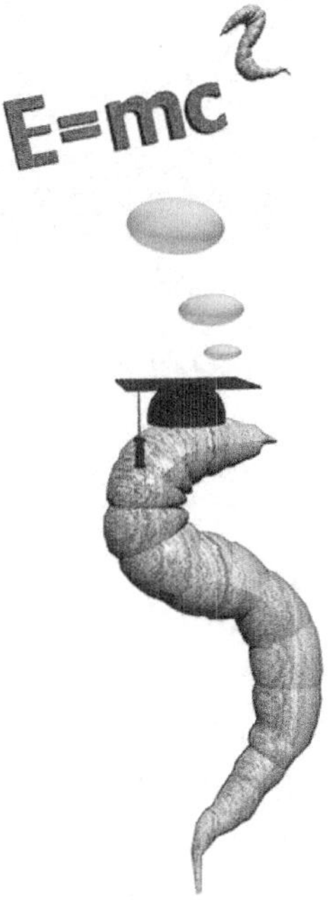

Los ordenadores actuales siguen siendo superados en poder de computación por el cerebro de una humilde lombriz de tierra.

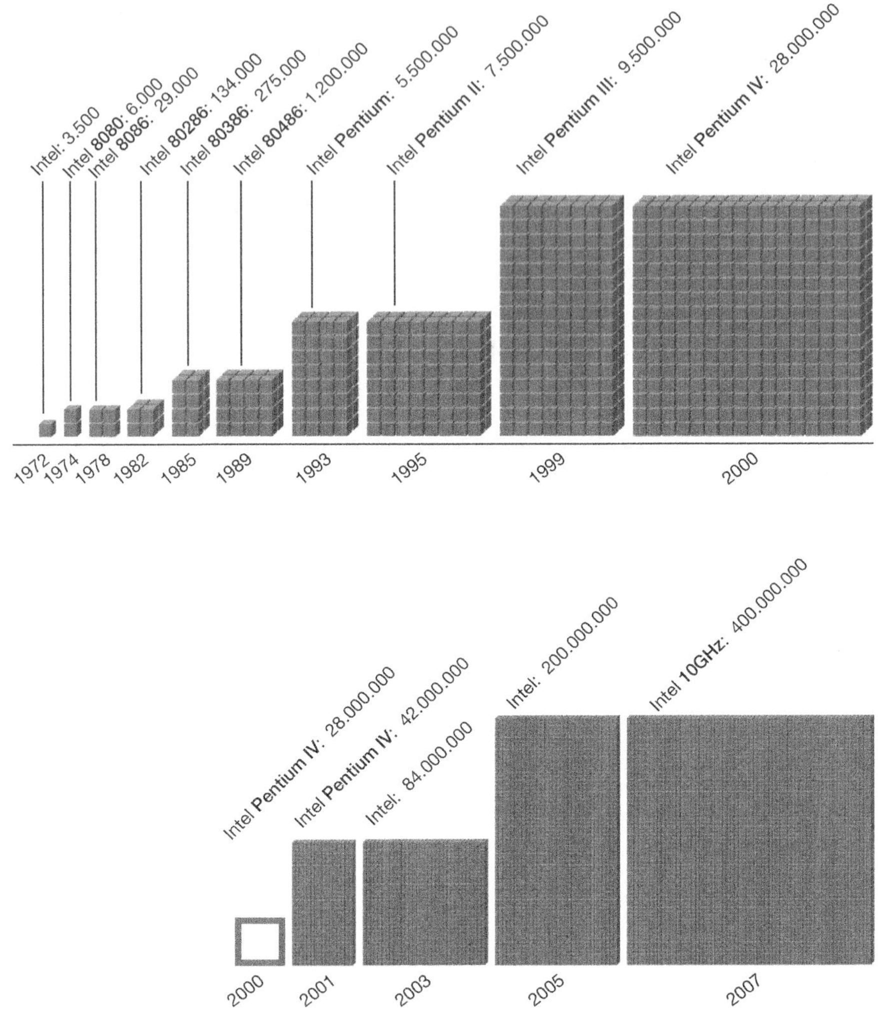

Fig.6.6. El crecimiento exponencial en computación desde 1972 hasta 2007, según unas estimaciones conservadoras realizadas por un fabricante de CPU. La cifra tras el chip indica el número de operaciones por segundo.

humano mediante la ingeniería genética topará con el problema de que los mensajeros químicos del cuerpo responsables de nuestra actividad mental son relativamente lentos. Ello significa que aumentos posteriores en la complejidad del cerebro se realizarán a expensas de su velocidad. Podemos ser muy rápidos o muy inteligentes, pero no ambas cosas a la vez.

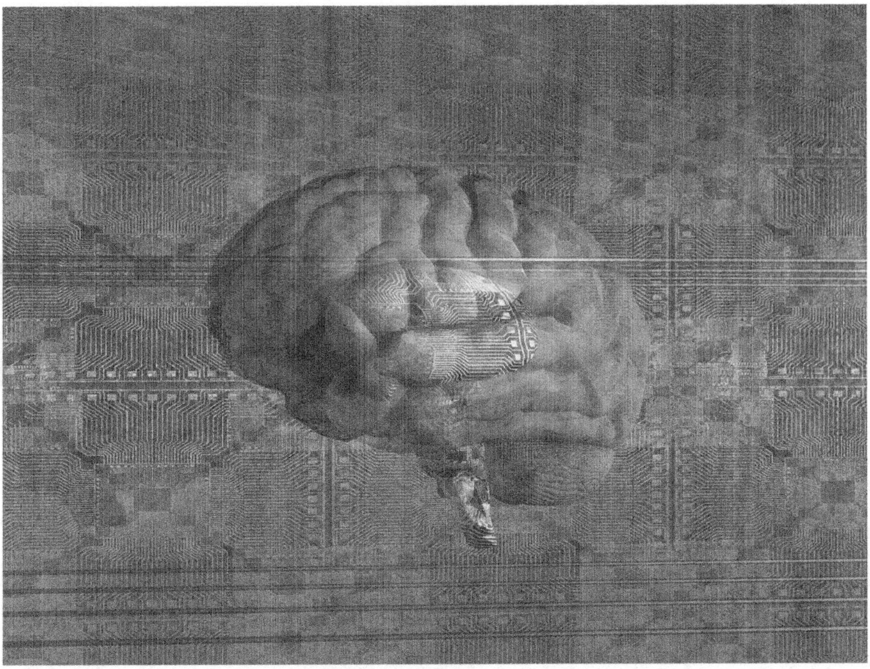

Los implantes neuronales aumentarán la memoria y permitirán aprender en pocos minutos bloques completos de información, como por ejemplo toda una lengua o el contenido de este libro. Estos humanos potenciados tendrán poco que ver con nosotros.

Aun así, creo que podemos llegar a ser mucho más inteligentes que la mayoría de personajes de *Star Trek*, aunque esto, en realidad, no sea muy difícil.

Los circuitos electrónicos presentan el mismo problema de compromiso entre complejidad y velocidad que el cerebro humano. En ellos, sin embargo, las señales son eléctricas en vez de químicas, y se propagan con la velocidad de la luz, que es mucho más elevada. Sin embargo, la velocidad de la luz ya es un límite práctico en el diseño de ordenadores más rápidos. Podemos mejorar la situación reduciendo el tamaño de los circuitos, pero en último término habrá un límite fijado por la naturaleza atómica de la materia. Aun así, todavía nos queda un buen trecho de camino por recorrer antes de llegar a esta barrera.

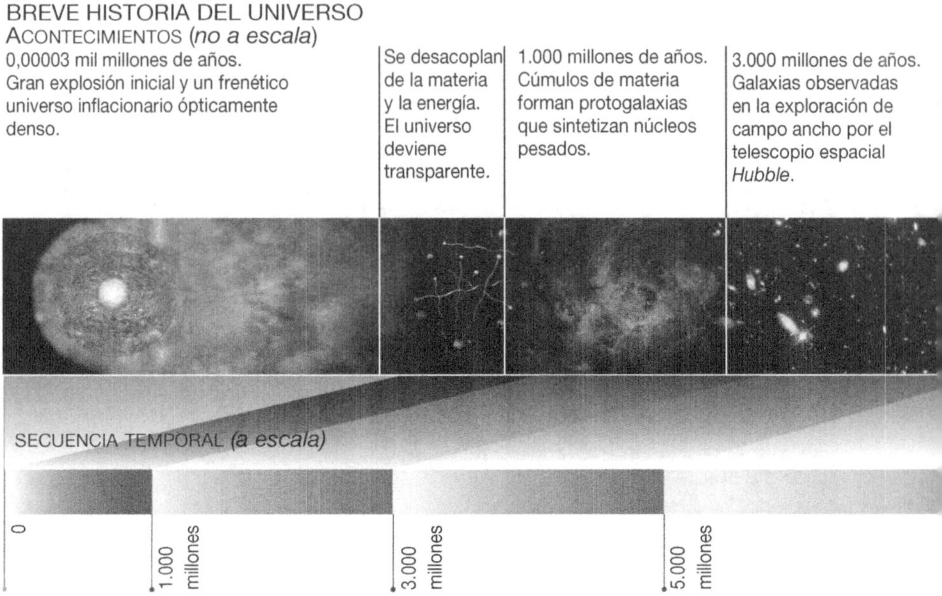

Fig. 6.7. La especie humana ha existido tan sólo durante una minúscula fracción de la historia del universo. (Si esta figura estuviera a escala y la duración de los humanos correspondiera a 7 cm, la historia completa del universo tendría un kilómetro). Es probable que cualquier vida extraterrestre que encontremos sea mucho más primitiva o mucho más avanzada que nosotros.

Otra manera de aumentar la complejidad de los circuitos electrónicos manteniendo su velocidad es copiar el funcionamiento del cerebro humano. Éste no tiene una sola unidad central de procesamiento —CPU— que procese en serie todas las instrucciones, sino millones de procesadores que trabajan en paralelo simultáneamente. Este procesamiento masivo en paralelo será también el futuro de la inteligencia electrónica.

Suponiendo que no nos autodestruyamos en los próximos siglos, es probable que nos diseminemos primero por los planetas del sistema solar y a continuación por los de las estrellas próximas, pero no pasará como en *Star Trek* o *Babylon 5*, en que hay una nueva raza de seres casi humanos en casi cada sistema estelar. La especie humana ha tenido su forma actual sólo durante unos dos millones de años de los 15.000

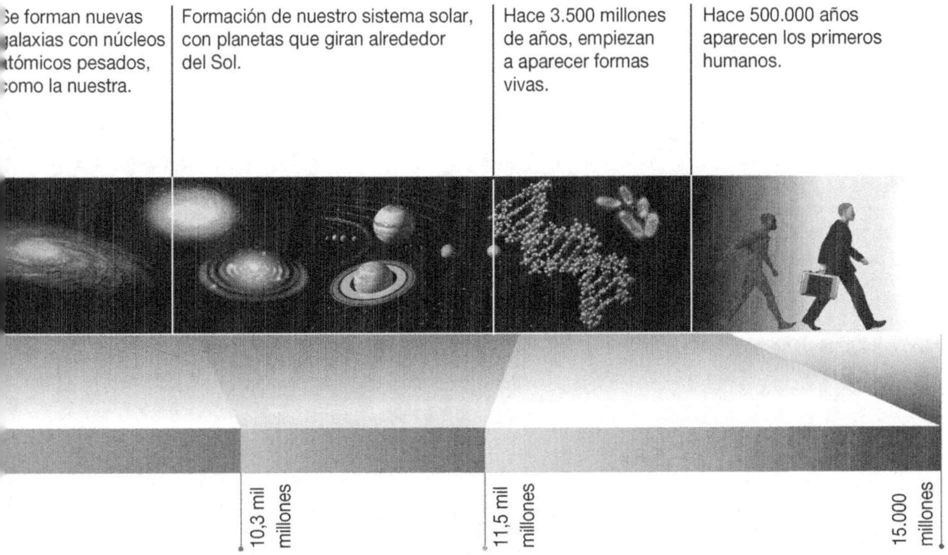

millones de años, aproximadamente, transcurridos desde la gran explosión inicial (Fig. 6.7).

Por lo tanto, incluso si se llega a desarrollar vida en otros sistemas estelares, las posibilidades de encontrarla en un estadio reconociblemente humano son muy pequeñas. Es probable que cualquier vida extraterrestre que podamos hallar sea mucho más primitiva o mucho más avanzada. Si es más avan-

LA INTERFICIE BIOLOGÍA-ELECTRÓNICA

Dentro de veinte años, un ordenador de unos mil euros podrá ser tan complicado como el cerebro humano. Los procesadores en paralelo podrían imitar el funcionamiento del cerebro y fabricar ordenadores que actúen de manera inteligente y consciente.
Los implantes neuronales pueden permitir una interficie mucho más rápida entre el cerebro y los ordenadores, reduciendo la separación entre inteligencia biológica y electrónica.
En un futuro próximo, la mayoría de las transacciones comerciales se realizará probablemente entre ciberpersonalidades a través de la red.
Dentro de diez años, muchos de nosotros podremos optar por llevar una existencia virtual en la red, forjando amistades y relaciones cibernéticas.
Nuestra comprensión del genoma humano indudablemente dará lugar a grandes progresos médicos pero también nos permitirá aumentar significativamente la complejidad de la estructura del ADN humano. En los próximos cien años, la ingeniería genética humana puede sustituir la evolución biológica, rediseñar la especie humana y plantear cuestiones éticas completamente nuevas.
Los viajes espaciales más allá de nuestro sistema solar probablemente exigirán o bien humanos potenciados con ingeniería genética o bien sondas no tripuladas controladas por ordenador.

zada, ¿por qué no se ha diseminado por la galaxia y ha visitado la Tierra? Si hubieran venido extraterrestres, se habría notado: habría sido más como la película *Independence Day* que como *E.T.*

Así, ¿cómo nos explicamos la ausencia de visitantes extraterrestres? Podría ser que una especie avanzada conociera nuestra existencia pero nos estuviera dejando cocer en nuestra salsa primitiva. Sin embargo, es dudoso que fuera tan considerada hacia una forma inferior de vida: ¿nos preocupamos nosotros de cuántos insectos o gusanos aplastamos? Una explicación más razonable es que la probabilidad de que se desarrolle vida en otros planetas o de que la vida llegue a ser inteligente sea muy baja. Como afirmamos que somos inteligentes, quizás sin mucha base para ello, tendemos a ver la inteligencia como una consecuencia inevitable de la evolución. Sin embargo, podemos cuestionarnos esto, ya que no resulta claro que la inteligencia tenga mucho valor para la supervivencia. Las bacterias se las arreglan muy bien sin inteligencia, y nos sobrevivirán si nuestra llamada inteligencia nos lleva a exterminarnos en una guerra nuclear. Así, puede ser que cuando exploremos la galaxia encontremos vida primitiva, pero no es probable que hallemos seres como nosotros.

¿Tiene la inteligencia mucho valor para la supervivencia a largo plazo?

El futuro de la ciencia no será como la imagen reconfortante presentada en *Star Trek*: un universo poblado por muchas especies humanoides, con una ciencia y una tecnología avanzadas pero esencialmente estáticas. Creo, en cambio, que seguiremos nuestro propio camino, con un rápido desarrollo en complejidad biológica y electrónica. En el presente siglo, que es hasta donde podemos aventurar predicciones con más o menos fiabilidad, no ocurrirán muchas de estas cosas. Pero hacia el fin de milenio, si llegamos a él, las diferencias con *Star Trek* serán fundamentales.

7

Los nuevos universos membrana

¿Vivimos en una membrana, o sólo somos hologramas?

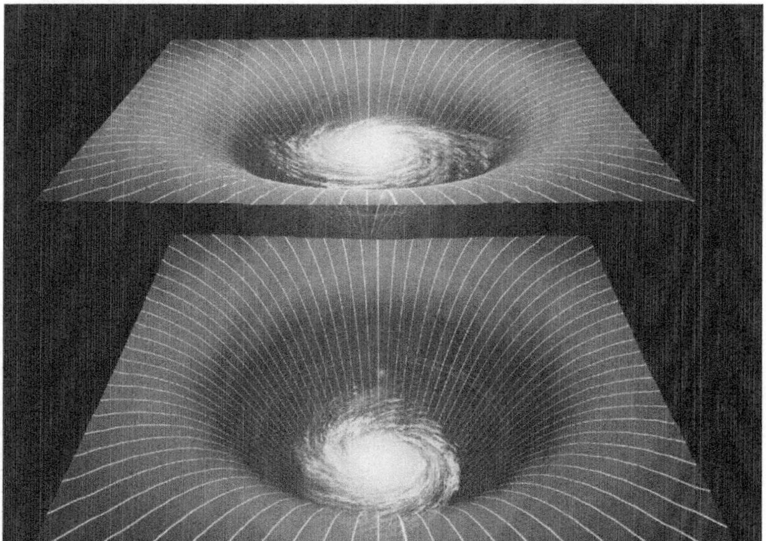

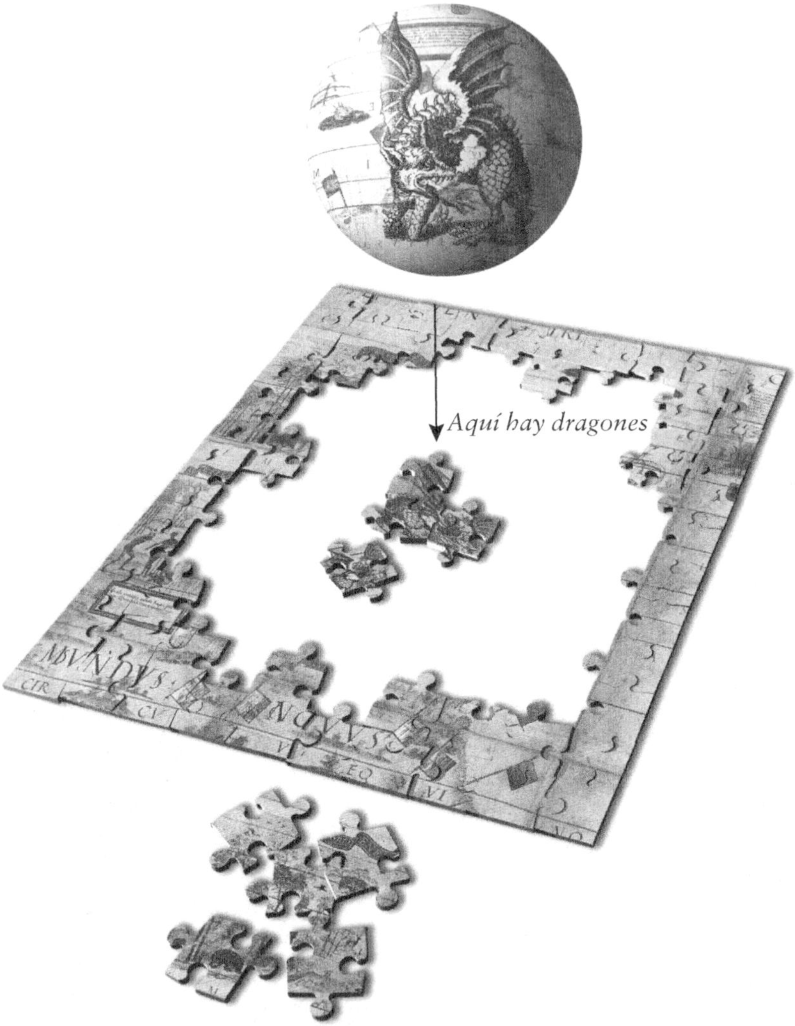

Fig. 7.1. La teoría M es como un rompecabezas. Es fácil identificar y ensamblar las piezas de sus bordes, pero no tenemos la más ligera idea de qué ocurre en el centro, donde no podemos hacer la aproximación de que alguna magnitud tenga un valor pequeño.

¿Cómo proseguirá en el futuro nuestro viaje en pos de nuevos descubrimientos? ¿Culminaremos nuestra búsqueda de una teoría unificada completa que gobierne el universo y todo lo que contiene? De hecho, como he dicho en el capítulo 2, podría ser que ya hubiéramos identificado la Teoría de Todo en la teoría M. Por lo que sabemos hasta ahora, ésta no tiene una formulación única pero hemos descubierto una red de teorías aparentemente diferentes, todas las cuales parecen aproximaciones en diversos límites a una misma teoría subyacente. La situación es semejante, por ejemplo, al caso de la gravitación, en que la teoría de Newton es una aproximación a la teoría de la relatividad general de Einstein en el límite en que el campo gravitatorio se hace pequeño. La teoría M es como un rompecabezas: es relativamente fácil identificar y ensamblar las piezas de sus bordes, es decir, estudiar la teoría en los límites en que alguna magnitud se hace pequeña. Pero aunque tenemos una idea bastante buena de estos bordes, en el centro del rompecabezas de la teoría M queda un agujero donde no sabemos qué está pasando (Fig. 7.1). No podemos pretender haber hallado realmente la Teoría de Todo hasta que hayamos completado este agujero.

¿Qué hay en el centro de la teoría M? ¿Encontra-

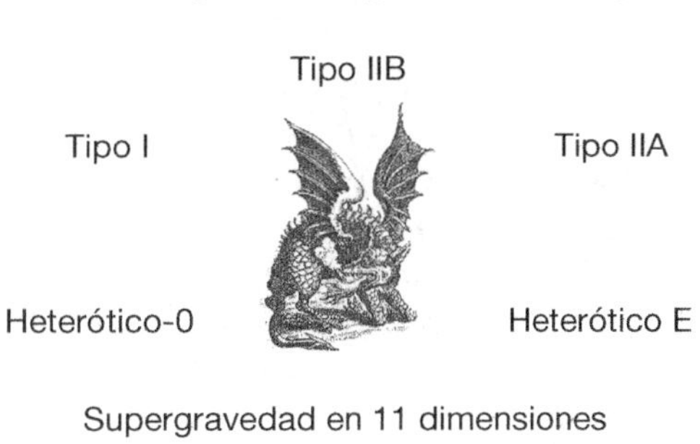

Fig. 7.2. Derecha: *El átomo indivisible clásico.* Más a la derecha: *Un átomo está formado por electrones que giran alrededor de un núcleo compuesto por protones y neutrones.*

remos dragones (o algo tan extraño como ellos), como en los mapas antiguos de las tierras inexploradas? La experiencia sugiere que es muy probable que hallemos fenómenos nuevos e inesperados cuando extendamos el dominio de nuestras observaciones a escalas más reducidas. A comienzos del siglo XX, comprendíamos el funcionamiento de la naturaleza a las escalas de la física clásica, que resulta adecuada para distancias que van desde las separaciones interestelares hasta aproximadamente una centésima de milímetro. La física clásica consideraba la materia como un medio continuo con propiedades como la elasticidad y la viscosidad, pero empezaron a surgir evidencias de que la materia no es continua sino granu-

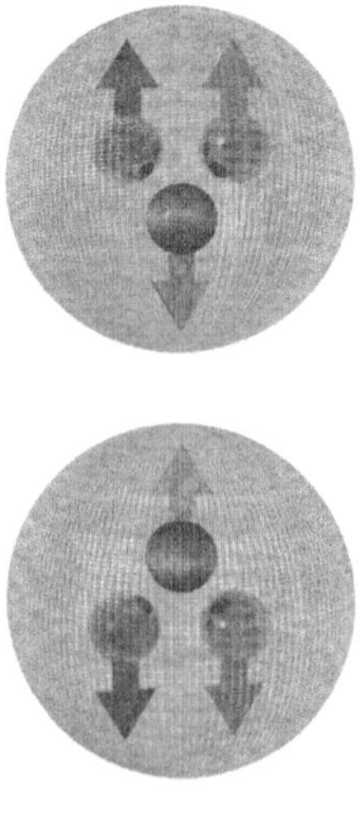

Fig. 7.3. Arriba: *Un protón está formado por dos quarks arriba, cada uno de ellos con dos tercios de carga eléctrica positiva, y un quark abajo, con un tercio de carga eléctrica negativa.* Abajo: *Un neutrón está formado por dos quarks abajo, cada uno con un tercio de carga eléctrica negativa, y un quark arriba, con dos tercios de carga eléctrica positiva.*

lar: está formada por pequeños bloques constituyentes llamados «átomos». La palabra átomo procede del griego y significa indivisible, pero pronto se descubrió que los átomos están formados por electrones que giran alrededor de un núcleo compuesto por protones y neutrones (Fig. 7.2).

Las investigaciones de los primeros treinta años del siglo xx en física atómica llevaron nuestra comprensión hasta escalas de la millonésima de milímetro. Entonces descubrimos

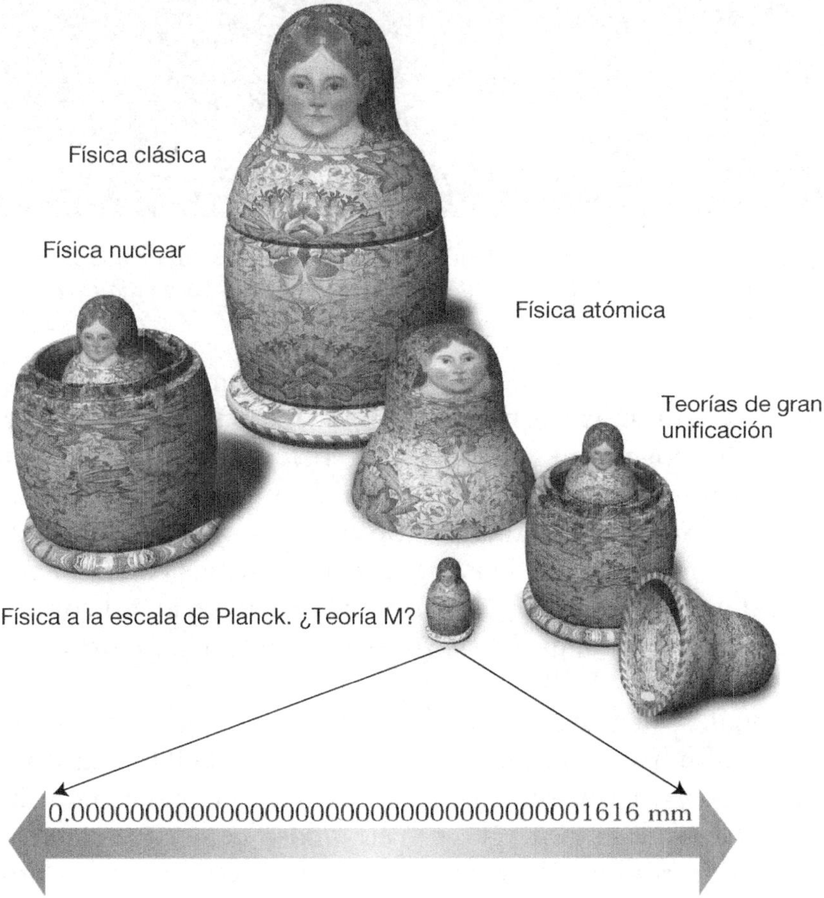

Fig. 7.4. Cada muñeca representa un nivel de comprensión teórica de la naturaleza hasta cierta escala de longitud. Cada una contiene una muñeca más pequeña que corresponde a una teoría que describe la naturaleza a escalas aún más reducidas. Pero en la física hay una escala fundamental mínima, la longitud de Planck, en la cual la naturaleza podría estar descrita por la teoría M.

Fig. 7.5. El tamaño de los aceleradores necesarios para sondear distancias tan pequeñas como la longitud de Planck sería mayor que el diámetro del sistema solar.

que los protones y los neutrones están formados a su vez por partículas aún más pequeñas, llamadas «quarks» (Fig. 7.3).

Las investigaciones recientes en física nuclear y de altas energías nos han conducido a escalas mil millones de veces más pequeñas. Parecería que podríamos seguir indefinidamente, y descubrir nuevas estructuras a escalas cada vez más reducidas. Sin embargo, hay un límite a esta serie, tal como lo hay en las series de muñecas rusas en el interior de otras muñecas rusas (Fig. 7.4).

Al final, se llega a la muñeca más pequeña, que ya no es posible abrir. En física, la muñeca más pequeña es la llamada «escala de Planck». Para sondear distancias más pequeñas necesitaríamos partículas de energías tan elevadas que se encerrarían en agujeros negros. No sabemos exactamente cuál es la longitud fundamental de Planck en la teoría M, pero podría ser del orden de un milímetro dividido por cien millones de billones de billones. Los aceleradores de partículas capaces de sondear distancias tan pequeñas tendrían que ser tan grandes como el sistema solar, y por lo tanto no podemos construirlos, ni es probable que fueran aprobados en el presente clima financiero (Fig. 7.5).

Sin embargo, ha habido un nuevo desarrollo muy excitante según el cual podríamos descubrir algunos de los dragones de la teoría M de una manera más fácil (y más barata). Como he explicado en los capítulos 2 y 3, en la red de modelos matemáticos de la teoría M el espacio-tiempo tiene diez u once dimensiones. Hasta hace muy poco, creíamos que las seis o siete dimensiones adicionales estarían enrolladas con radio muy pequeño. Pasaría como con los cabellos (Fig. 7.6).

Si observamos un cabello con una lupa, podemos ver que tiene un cierto diámetro, pero a simple vista parece una línea muy fina, sin otra dimensión que la longitud. Algo parecido

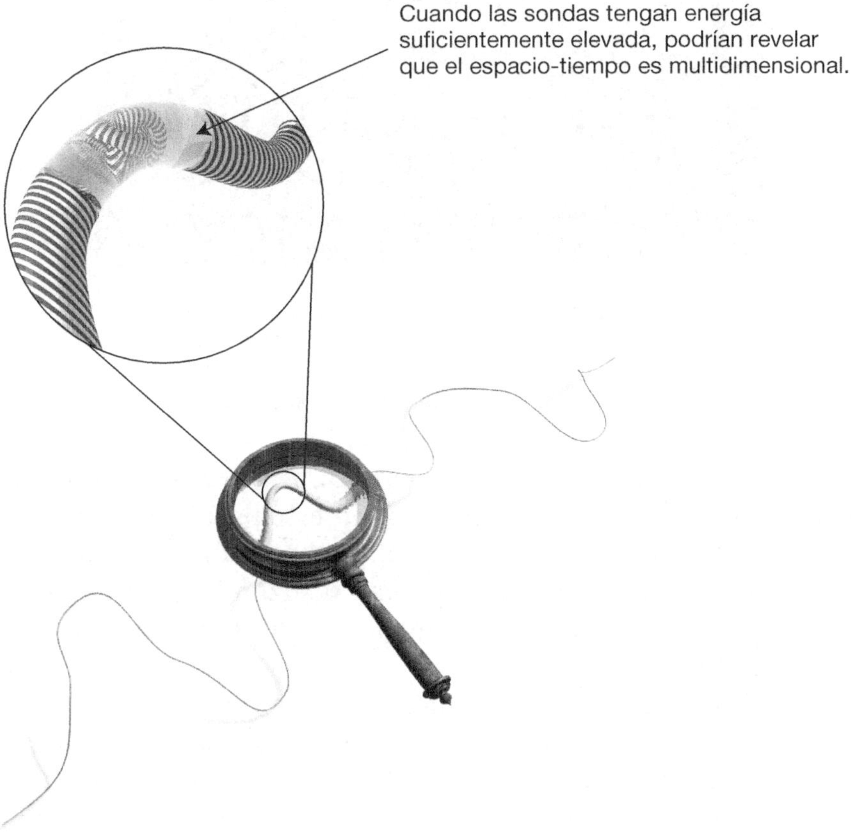

Fig. 7.6. A simple vista, un cabello es como una línea; su única dimensión parece ser la longitud. Análogamente, el espacio-tiempo nos podría parecer cuadridimensional, pero manifestársenos con diez u once dimensiones al ser sondeado con partículas de energías muy elevadas.

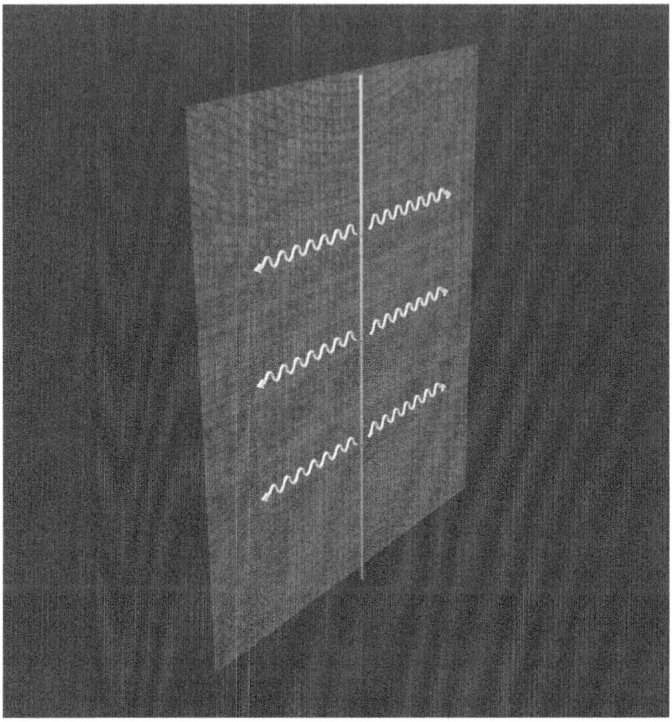

Fig. 7.7. UNIVERSOS MEMBRANA
La fuerza eléctrica estaría confinada en la membrana y disminuiría con la distancia de la manera adecuada para que las órbitas de los electrones alrededor del núcleo fueran estables.

podría ocurrir con el espacio-tiempo: a las escalas humana, atómica o incluso de la física nuclear, éste parecería cuadridimensional y aproximadamente plano. En cambio, si lo sondeáramos a escalas muy pequeñas utilizando partículas de energía muy elevada, deberíamos ver que tiene diez u once dimensiones.

Si todas las dimensiones adicionales fueran muy pequeñas, sería muy difícil llegar a observarlas. Sin embargo, recientemente se ha sugerido que algunas de las dimensiones adicionales podrían ser comparativamente grandes o incluso infinitas. Esta idea tiene la gran ventaja (al menos para un positivista como yo) de poder ser sometida a prueba en la próxima generación de aceleradores de partículas o mediante medidas muy precisas del comportamiento de la fuerza de la gravedad a dis-

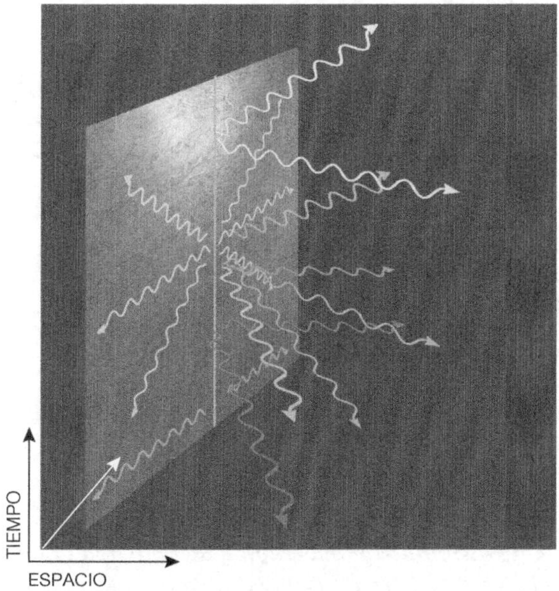

Fig. 7.8. Además de actuar en la membrana, la gravedad se esparciría por las dimensiones adicionales y, por ello, disminuiría con la distancia más rápidamente que en el espacio-tiempo cuadridimensional.

tancias muy pequeñas. Tales observaciones podrían delatar si la teoría está equivocada o confirmar experimentalmente la presencia de otras dimensiones extensas.

La idea de dimensiones adicionales extensas resulta muy excitante para nuestra búsqueda del modelo o teoría última. Implica que vivimos en un universo membrana, es decir, una superficie o membrana cuadridimensional en un espacio-tiempo de dimensionalidad más elevada.

La materia y las fuerzas no gravitatorias, como por ejemplo la fuerza eléctrica, estarían confinadas en dicha membrana. Así pues, todo lo que no fuera gravitación se comportaría como si estuviera en cuatro dimensiones. En particular, la fuerza eléctrica entre un núcleo atómico y los electrones que giran a su alrededor disminuiría con la distancia en la forma adecuada para que los átomos sean estables frente a una posible caída de los electrones hacia el núcleo (Fig. 7.7).

Ello concordaría con el principio antrópico según el cual el universo debe resultar adecuado para la existencia de vida

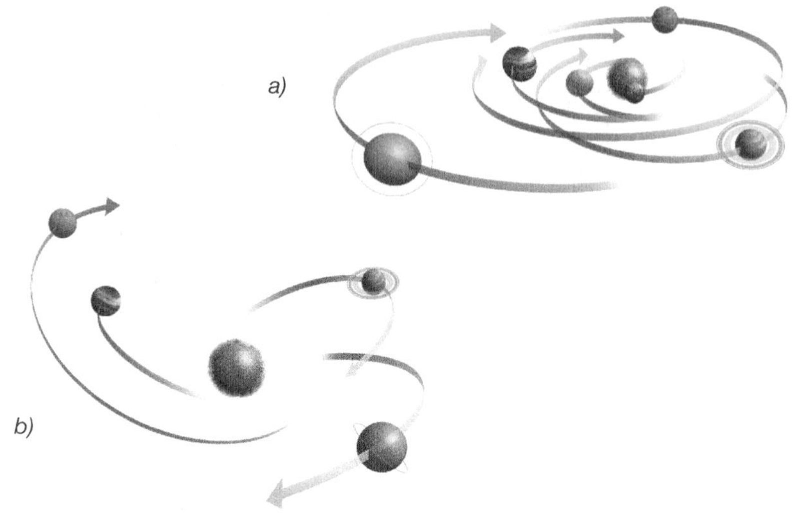

Fig. 7.9. Una disminución más rápida de la fuerza gravitacional con la distancia a escalas grandes implicaría la inestabilidad de las órbitas planetarias. Los planetas caerían al Sol (a) o escaparían completamente de su atracción (b).

inteligente: si los átomos no fueran estables, no estaríamos aquí para observar el universo y preguntarnos por qué es cuadridimensional.

En cambio, la gravedad, en forma de curvatura del espacio, permearía todo el volumen del espacio-tiempo de dimensionalidad superior. Ello significaría que se comportaría de manera diferente a las otras fuerzas que experimentamos: como la gravedad se diseminaría por las dimensiones adicionales, disminuiría con la distancia más rápidamente de lo que esperaríamos (Fig. 7.8).

Si esta disminución más rápida de la fuerza gravitatoria se extendiera a distancias astronómicas, ya habríamos notado sus efectos en las órbitas de los planetas. De hecho, éstas resultarían inestables, tal como indiqué en el capítulo 3: los planetas caerían al Sol o escaparían a la oscuridad y el frío interestelares (Fig. 7.9).

Pero esto no ocurriría si las dimensiones adicionales terminasen en otra membrana no muy distante de la nuestra. En este caso, la gravedad no podría esparcirse libremente a dis-

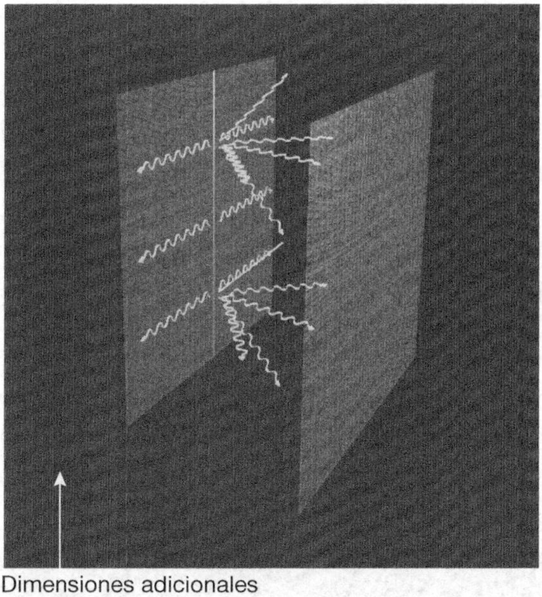

Fig. 7.10. Una segunda membrana cerca de nuestra membrana impediría que la gravedad se esparciera demasiado en las dimensiones adicionales, lo cual significaría que, a distancias mayores que la separación entre membranas, la gravedad disminuiría con la distancia con el ritmo correspondiente a un espacio-tiempo cuadridimensional.

tancias mayores que la separación entre esas membranas y quedaría confinada efectivamente en ellas, como ocurre con las fuerzas eléctricas, y por lo tanto disminuiría con la distancia en la forma adecuada para la estabilidad de las órbitas planetarias (Fig. 7.10).

En cambio, a distancias menores que la separación entre las membranas, la gravedad variaría más rápidamente. Las minúsculas fuerzas gravitatorias entre objetos pesados han sido medidas con precisión en el laboratorio, pero todavía no se han detectado efectos atribuibles a la existencia de membranas separadas menos de unos pocos milímetros. Actualmente se están efectuando mediciones a distancias más cortas (Fig. 7.11).

En esta interpretación, viviríamos en una membrana pero habría otra membrana «sombra» en sus proximidades. Como la luz estaría confinada en las membranas y no se propagaría en el espacio entre ellas, no podríamos ver el universo «sombra», pero notaríamos la influencia gravitatoria de su materia. En nuestra membrana, parecería que esa influencia es debida a fuentes realmente «oscuras», en el sentido de que la única manera de detectarlas sería a través de su gravedad (Fig. 7.12). De hecho, para explicar la velocidad con que las estrellas giran alrededor del centro de nuestra galaxia, parece que tenga que haber mucha más masa que la que corresponde a la materia que observamos.

La masa que falta podría proceder de algunas especies exóticas de partículas, como las WIMP (*weakly interacting massive particles*, partículas con masa ligeramente interaccionantes) o axiones (partículas elementales muy ligeras).

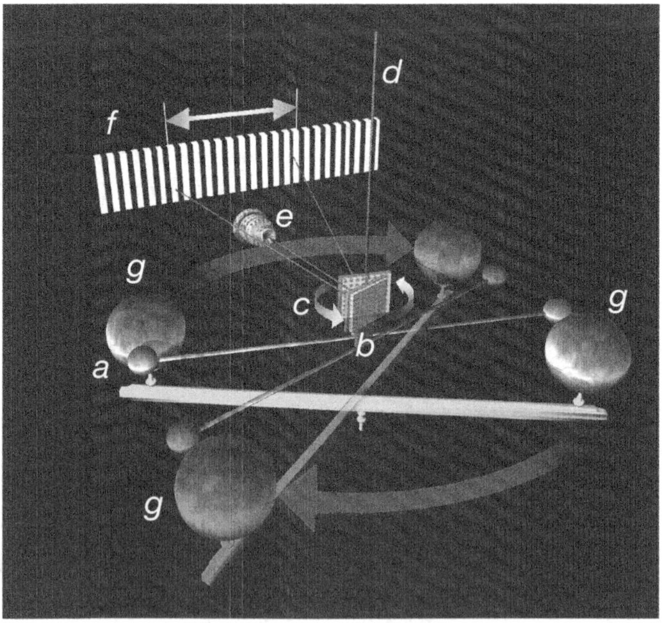

Fig. 7.11. EL EXPERIMENTO DE CAVENDISH
Un haz de láser (e) *proyectado en una pantalla calibrada* (f) *delata cualquier torsión de las pesas. Dos pequeñas esferas de plomo* (a) *ligadas a las pesas* (b) *con un pequeño espejo* (c) *están suspendidas libremente de una fibra de torsión. Cerca de las esferas pequeñas se colocan dos grandes esferas de plomo* (g) *en una barra giratoria. Cuando se hace girar estas esferas grandes, las pesas oscilan y alcanzan finalmente una nueva posición de equilibrio.*

Pero también podría constituir un indicio de la existencia de un universo sombra que contuviera materia —y, quizás, humanos tridimensionales que se preguntan por la masa que parece faltar en su universo para explicar las órbitas de las estrellas sombra alrededor del centro de la galaxia sombra (Fig. 7.13).

Otra posibilidad, en vez de que las dimensiones adicionales terminen en una segunda membrana, es que sean infinitas pero muy curvadas, en forma de silla de montar (Fig. 7.14). Lisa Randall y Raman Sundrum demostraron que este tipo de curvatura actuaría como una segunda membrana: la influencia gravitatoria de los objetos de la membrana quedaría confinada en las vecindades de ésta en lugar de extenderse hasta el infinito en las dimensiones adicionales. Tal como en el modelo del universo membrana sombra, el campo gravitatorio disminuiría con la distancia en una forma consistente con la estabilidad de las órbitas planetarias y con las medidas de la-

Fig. 7.12. En el contexto de los universos membrana, los planetas pueden girar alrededor de una masa oscura perteneciente a una membrana sombra porque la fuerza gravitatoria se propaga en las dimensiones adicionales.

EVIDENCIAS DE LA MATERIA OSCURA

Diversas observaciones cosmológicas sugieren convincentemente que en nuestra galaxia, y en las otras, debería haber mucha más materia de la que podemos ver. La más convincente de dichas observaciones es que las estrellas de los bordes de las galaxias espirales como la Vía Láctea giran demasiado rápido para poder ser mantenidas en sus órbitas sólo por la atracción gravitatoria de todas las estrellas que observamos (véase la figura de al lado).

Desde la década de 1970 sabemos que hay una discrepancia entre las velocidades rotacionales observadas de las estrellas de las regiones exteriores de las galaxias espirales (indicadas en la figura mediante puntos) y las velocidades que esperaríamos según las leyes de Newton a partir de la distribución de las estrellas visibles de la galaxia (línea continua de la figura). Esta discrepancia indica que en las regiones exteriores de las galaxias espirales debería haber mucha más masa.

CURVA DE ROTACIÓN
DE LA GALAXIA ESPIRAL NGC 3198

ALBADA & SANCISI 1986

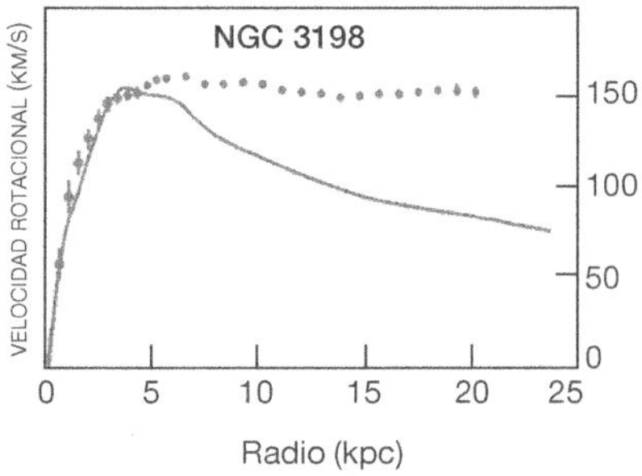

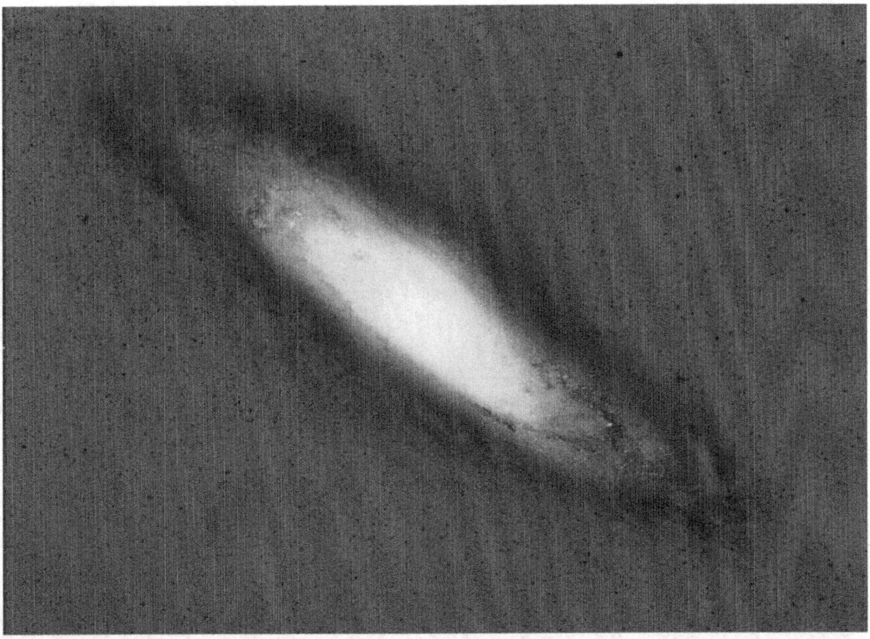

NATURALEZA DE LA MATERIA OSCURA

Los cosmólogos creen actualmente que mientras la parte central de las galaxias está formada básicamente por materia ordinaria, sus regiones exteriores están dominadas por materia oscura que no podemos observar directamente. Pero uno de los problemas fundamentales ahora es descubrir la naturaleza de la forma dominante de materia oscura en esas regiones exteriores. Antes de la década de 1980 se acostumbraba a suponer que esta materia oscura era materia ordinaria compuesta por protones, neutrones y electrones en alguna forma no fácilmente detectable, como quizás nubes de gas o MACHOs —*massive compact halo objects*, objetos compactos masivos del halo, como por ejemplo enanas blancas, estrellas de neutrones o incluso agujeros negros—.

Sin embargo, estudios recientes de la formación de las galaxias hacen creer a los cosmólogos que una fracción significativa de la materia oscura debe de estar en una forma diferente de la materia ordinaria. Quizás surge de la masa de partículas elementales muy ligeras, como los axiones o los neutrinos. Incluso podría consistir en especies más exóticas de partículas, como los WIMPs —*weakly interacting massive particles*, partículas con masa ligeramente interaccionantes—, predichas por las teorías modernas de partículas elementales pero que todavía no han sido detectadas experimentalmente.

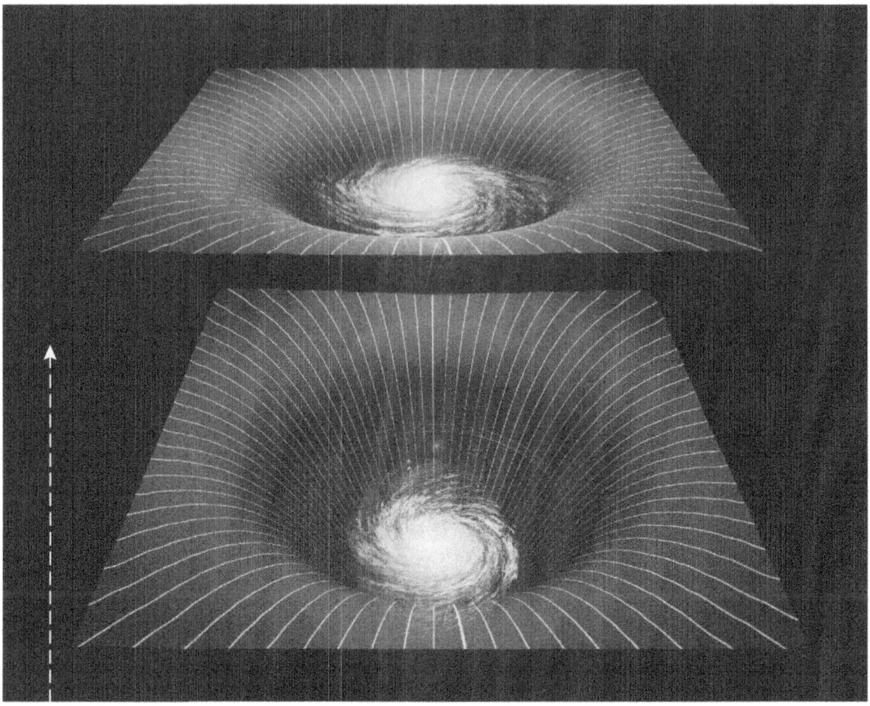

La tierra de nadie de las dimensiones adicionales entre membranas.

Fig. 7.13. No veríamos una galaxia sombra en una membrana sombra porque la luz no se propaga en las dimensiones adicionales, pero sí lo hace la gravedad. Por lo tanto, la rotación de nuestra galaxia podría verse afectada por materia oscura, materia que no podemos ver.

boratorio de la fuerza gravitatoria, pero a distancias cortas la gravedad variaría más rápidamente.

Hay, sin embargo, una diferencia importante entre el modelo de Randall-Sundrum y el de la membrana sombra. Los cuerpos que se mueven bajo la influencia de la gravedad producen ondas gravitatorias, ondulaciones de curvatura que se desplazan en el espacio-tiempo a la velocidad de la luz. Tal como ocurre con las ondas electromagnéticas de la luz, las ondas gravitatorias deberían transportar energía, predicción que ha sido confirmada por las observaciones efectuadas sobre el púlsar binario PSR 1913+16.

Si en efecto vivimos en una membrana en un espacio-tiempo con dimensiones adicionales, las ondas gravitatorias pro-

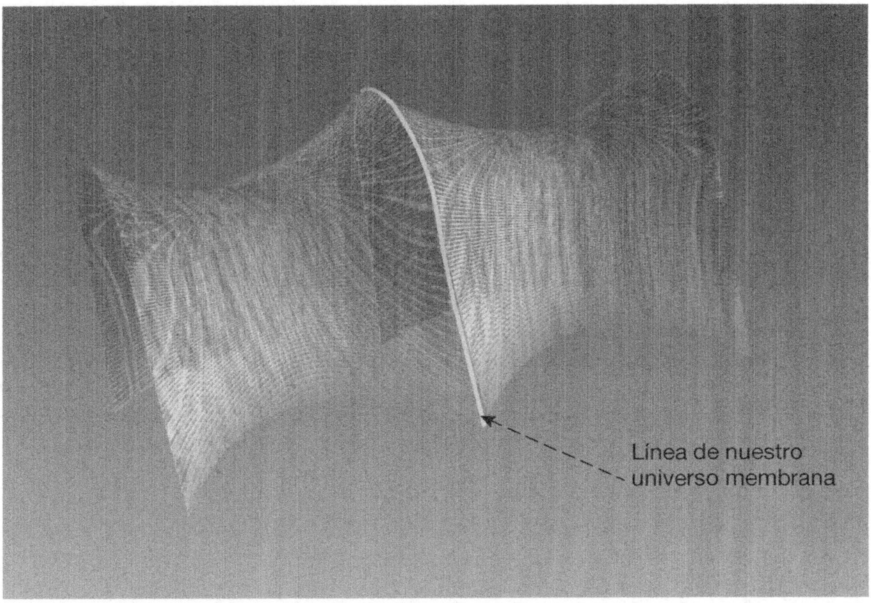

Fig. 7.14. En el modelo de Randall-Sundrum sólo hay una membrana (mostrada aquí en una sola dimensión). Las dimensiones adicionales se extenderían hasta el infinito, pero estarían curvadas en forma de silla de montar. Esta curvatura impide que el campo gravitatorio de la materia situada en la membrana llegue hasta lejos en las dimensiones adicionales.

ducidas por el movimiento de los cuerpos en la membrana se propagarían en las restantes dimensiones. Si hubiera una segunda membrana sombra se reflejarían en ella y quedarían atrapadas entre ambas membranas. En cambio, si sólo hay una membrana y las dimensiones adicionales se prolongan indefinidamente, como en el modelo de Randall-Sundrum, las ondas gravitatorias se escaparían y drenarían energía de nuestro universo membrana (Fig. 7.15).

Esto parecería violar uno de los principios fundamentales de la física: la ley de conservación de la energía, que afirma que la cantidad total de energía permanece constante. Sin embargo, esta violación sería tan sólo aparente, y se debería a que nuestra perspectiva de los acontecimientos estaría restringida a la membrana. Un ángel que pudiera ver las dimensiones adicionales sabría que la energía total seguiría siendo la misma, sólo que más diseminada.

Dos estrellas compactas de neutrones giran en espiral la una alrededor de la otra.

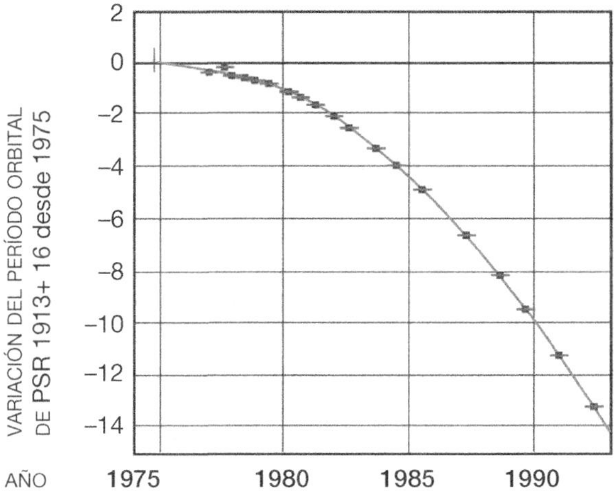

Gráfica del púlsar binario PSR1913+16 desde 1975

PÚLSARES BINARIOS

La relatividad general predice que los cuerpos pesados que se mueven bajo la influencia de la gravedad emiten ondas gravitatorias. Tal como las ondas de luz, las ondas gravitatorias sustraen energía de los objetos que las emiten. Sin embargo, la tasa de pérdida de energía es habitualmente muy baja y, por lo tanto, muy difícil de observar. Por ejemplo, la emisión de ondas gravitatorias hace que la Tierra vaya cayendo en espiral hacia el Sol, pero ¡todavía tardaría 10^{27} años en chocar con él!

Pero en 1975 Russell Hulse y Joseph Taylor descubrieron el púlsar binario PSR1913+16, un sistema formado por dos estrellas compactas de neutrones que giran una alrededor de la otra con una separación máxima de apenas un radio solar. Según la relatividad general, su rápido movimiento implica que el período orbital del sistema debería decrecer con una escala temporal mucho más corta debido a la emisión de una fuerte señal de ondas gravitacionales. La variación predicha por la relatividad general concuerda en alto grado con las precisas observaciones de Hulse y Taylor de los parámetros orbitales, que indican que desde 1975 el período se ha acortado en más de diez segundos. En 1993 fueron galardonados con el premio Nobel por esta confirmación de la relatividad general.

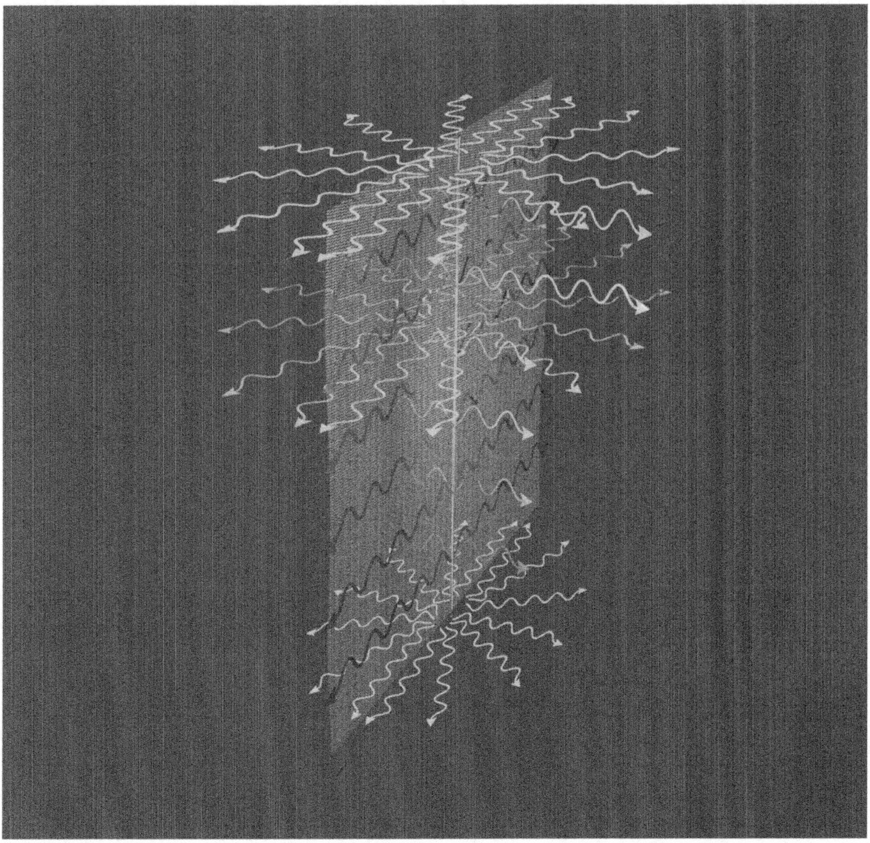

Fig. 7.15. En el modelo de Randall-Sundrum, las ondas gravitatorias de corta longitud de onda pueden sustraer energía de las fuentes de la membrana, provocando una violación aparente de la ley de conservación de la energía.

Las ondas gravitatorias producidas por dos estrellas que giran una alrededor de la otra tendrían una longitud de onda mucho mayor que el radio de curvatura de la silla de montar de las dimensiones adicionales. Ello significaría que estarían confinadas en una vecindad muy próxima a la membrana —como la propia fuerza gravitatoria— y no se esparcirían mucho en las dimensiones adicionales ni drenarían mucha energía de la membrana. En cambio, las ondas gravitatorias de longitud menor que la escala de curvatura de las dimensiones adicionales escaparían fácilmente de las proximidades de la membrana.

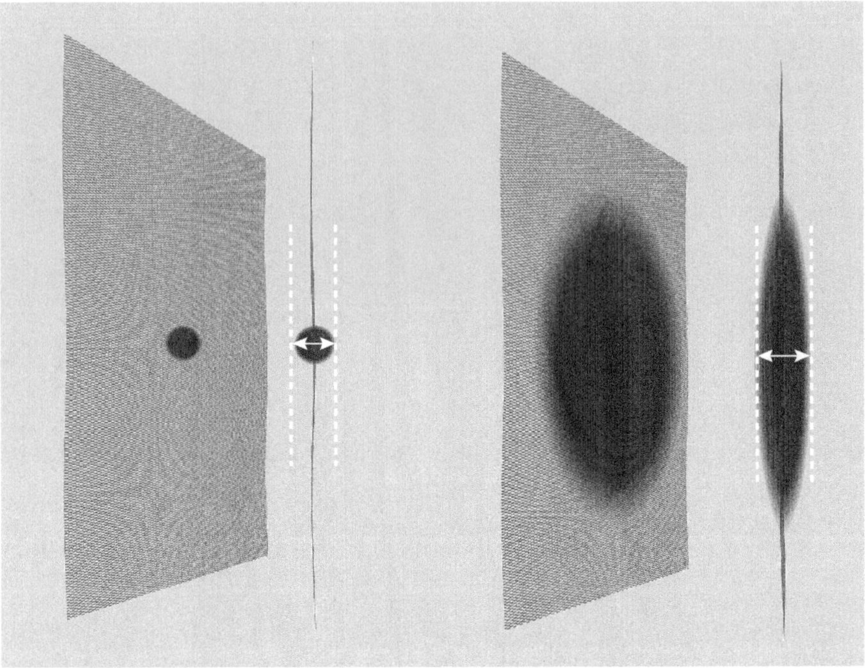

Fig. 7.16. Un agujero negro situado en la membrana de nuestro universo se extendería en las dimensiones adicionales. Si el agujero negro es pequeño, sería casi redondo, pero un agujero negro que fuera grande en la membrana sería aplanado en las dimensiones adicionales.

Las únicas fuentes de cantidades significativas de ondas gravitatorias de pequeña longitud de onda son, probablemente, los agujeros negros. Un agujero negro en la membrana se extendería como agujero negro en las dimensiones adicionales. Si fuera pequeño, sería casi redondo: es decir, penetraría en las dimensiones adicionales una distancia prácticamente igual a su radio en la membrana. En cambio, un agujero negro que fuera grande en la membrana se extendería como un buñuelo aplanado, es decir, quedaría confinado a las proximidades de la membrana y por lo tanto sería mucho menos grueso en las dimensiones adicionales que su radio en la membrana (Fig. 7.16).

Como expliqué en el capítulo 4, la teoría cuántica implica que los agujeros negros no son completamente negros, sino que emiten partículas y radiación de todas clases, como lo hacen todos los cuerpos calientes. Las partículas y la radiación de la luz serán emitidas a lo largo de la membrana, porque la materia y las fuerzas no gravitatorias como la electricidad están confinadas en ella. Sin embargo, los agujeros negros también emiten ondas gravitatorias, que no estarían confinadas en la membrana sino que también se propagarían en las dimensiones adicionales. Si el agujero negro fuera grande y aplanado, las ondas gravitatorias permanecerían cerca de la membrana. Ello significaría que el agujero negro perdería energía (y por lo tanto masa, según la relación $E = mc^2$) con el ritmo que cabría esperar en un espacio-tiempo cuadridimensional. Por lo tanto, se evaporaría lentamente y se encogería hasta reducirse por debajo del radio de curvatura de las dimensiones adicionales. Alcanzado este punto, las ondas gravitatorias emitidas por el agujero negro empezarían a escapar libremente a las dimensiones adicionales. Para un espectador confinado en la membrana, parecería que el agujero negro —o estrella negra, como las llamó Michell (véase el capítulo 4)— emite radiación oscura, que no puede ser observada directamente en la membrana pero cuya existencia puede ser inferida de la pérdida de masa del agujero negro.

Por lo tanto, el estallido final de radiación de la evaporación de un agujero negro parecería menos potente de lo que es en realidad. Esto podría ser una razón de que no hayamos observado explosiones de rayos gamma que puedan ser atribuidas a agujeros negros moribundos, aunque otra explicación, más prosaica, podría ser que no haya muchos agujeros negros con masa suficientemente baja para evaporarse en la edad actual del universo.

La radiación de los agujeros negros de los universos membrana se debe a las fluctuaciones cuánticas de las partículas que entran y salen de la membrana, pero ésta estará sujeta, a su vez, como todas las otras cosas del universo, a fluctuaciones cuánticas. Dichas fluctuaciones provocarían la aparición y desaparición espontánea de membranas. La creación cuántica de una membrana se parecería en cierto modo a la formación de una burbuja de vapor en agua hirviendo. El agua líquida está formada por miles de millones de moléculas de H_2O unidas

Fig. 7.17. La formación de un universo membrana sería como la formación de una burbuja de vapor en agua hirviendo.

por la atracción entre vecinos próximos. A medida que el agua se calienta, las moléculas se desplazan más rápidamente y rebotan las unas contra las otras con mayor energía. En algunas ocasiones, estas colisiones dan a las moléculas velocidades tan elevadas que algunas de ellas se liberan de sus enlaces y forman una diminuta burbuja de vapor rodeada de agua. Esta burbuja crecerá (o se encogerá) de manera aleatoria a medida que nuevas moléculas del líquido se vayan uniendo a las del vapor (o viceversa). La mayoría de las burbujitas de vapor se volverán a colapsar en el líquido, pero algunas de ellas superarán un cierto tamaño crítico por encima del cual es casi seguro que sigan creciendo. Estas burbujas grandes en expansión son las que observamos cuando el agua hierve (Fig. 7.17).

El comportamiento de los universos membrana sería parecido. El principio de incertidumbre permitiría que se formaran universos membrana a partir de nada, como burbujas cuya superficie sería la membrana y cuyo interior sería el espacio de dimensionalidad superior. Las burbujas muy pequeñas tenderían a colapsarse de nuevo y a desaparecer, pero es probable que las que crecieran, por fluctuaciones cuánticas, por encima de un cierto tamaño crítico siguieran creciendo. La gente que, como nosotros, viviera en la membrana (la superficie de la burbuja) creería que el universo se está expandiendo. Sería como pintar galaxias en la superficie de un globo y soplarlo. Las galaxias se separarían pero ninguna de ellas correspondería al centro de la expansión. ¡Esperemos que ninguna aguja cósmica pinche el globo!

Según la propuesta de ausencia de contornos descrita en el capítulo 3, la creación espontánea de un universo membrana tendría, en el tiempo imaginario, una historia parecida a una cáscara de nuez: es decir, una esfera cuadridimensional, como la superficie de la Tierra pero con dos dimensiones más. La diferencia esencial es que la cáscara de nuez descrita en el capítulo 3 estaba vacía: la esfera cuadridimensional no era la frontera entre la nada y las otras seis o siete dimensiones del espacio-tiempo, que según la teoría M deberían tener tamaños mucho menores que la nuez. En la nueva imagen de los universos membrana, en cambio, la cáscara de nuez estaría llena: la historia en tiempo imaginario de la membrana en que vivimos correspondería a una esfera cuadridimensional que sería el límite de una burbuja de cinco dimensiones con las cinco o seis dimensiones restantes enrolladas con un radio muy pequeño (Fig. 7.18).

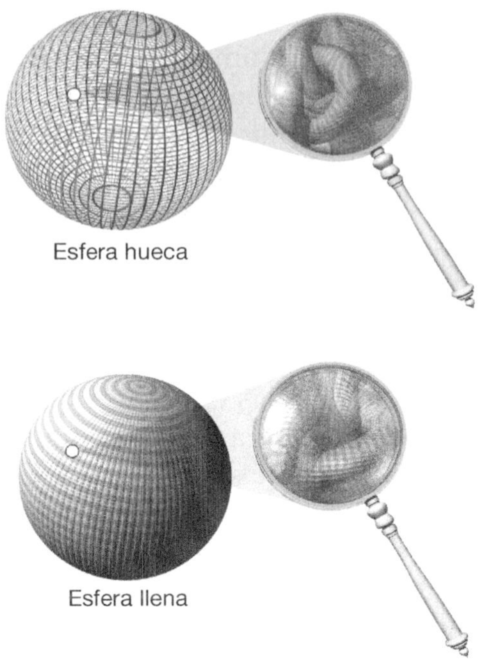

Fig. 7.18. La visión del origen del universo en la imagen del universo membrana difiere de la analizada en el capítulo 3, porque la esfera cuadridimensional ligeramente aplanada, o cáscara de nuez, ya no está hueca, sino repleta por una quinta dimensión.

La historia de la membrana en el tiempo imaginario determinaría su historia en el tiempo real. En éste, la membrana se expandiría de manera acelerada inflacionaria, como la descrita en el capítulo 3. La historia más probable de una burbuja en el tiempo imaginario sería una cáscara de nuez lisa y perfectamente redonda. Sin embargo, ésta correspondería, en el tiempo real, a una membrana que se expandiría indefinidamente de manera inflacionaria. En ella no se formarían galaxias y, por lo tanto, no se desarrollaría vida inteligente. En cambio, las historias que no fueran perfectamente lisas y redondas en el tiempo imaginario tendrían probabilidades algo menores, pero podrían corresponder a un comportamiento en el tiempo real en que la membrana tendría al principio una etapa de expansión acelerada inflacionaria pero que después empezaría a frenarse. Durante esta expansión decelerada se

HOLOGRAFÍA

La holografía codifica la información acerca de lo que hay en una región del espacio en una superficie de una dimensión menos. Esto parece ser una propiedad de la gravitación, como lo indica el que el área del horizonte de sucesos mida el número de estados internos de un agujero negro. En el modelo de universos membrana, la holografía sería una correspondencia biunívoca entre los estados de nuestro universo cuadridimensional y los estados correspondientes en una dimensionalidad más elevada. Desde una perspectiva positivista, no podemos distinguir cuál de las dos descripciones es más fundamental.

podrían formar galaxias y podría desarrollarse vida inteligente. Así pues, según el principio antrópico explicado en el capítulo 3, sólo las cáscaras de nuez con ligeras rugosidades podrían ser observadas por seres inteligentes que se preguntaran por qué el origen del universo no fue perfectamente liso.

A medida que la membrana se expandiera, el volumen del espacio de dimensionalidad superior contenido en su interior crecería. Al final, habría una enorme burbuja rodeada por la membrana en que vivimos. Pero ¿vivimos realmente en una membrana? Según la idea de la holografía descrita en el capítulo 2, la información sobre lo que ocurre en una región del espacio-tiempo estaría codificada en su frontera. Por lo tanto, quizás vivimos en un universo cuadridimensional porque somos la sombra en la membrana de lo que está ocurriendo en el interior de la burbuja.

Sin embargo, desde una perspectiva positivista, no podemos preguntarnos: ¿qué es la realidad, una membrana o una burbuja? Ambas son modelos matemáticos que describen observaciones, y tenemos la libertad de utilizar el modelo que más nos convenga. ¿Qué hay fuera de la membrana? Hay varias posibilidades (Fig. 7.19):

1. Podría ser que no hubiera nada. Aunque una burbuja de vapor está rodeada por agua, esto es sólo una analogía que nos ayuda a visualizar el origen del universo. Podríamos imaginar un modelo matemático que sólo fuera una membrana con un espacio de dimensionalidad superior en su interior pero sin absolutamente nada en su exterior, ni siquiera espacio vacío. Podemos calcular las predicciones del modelo sin hacer referencia alguna a lo que pasa en el exterior.

2. Podríamos tener un modelo matemático en que el exterior de una burbuja estuviera pegado al exterior de otra burbuja similar. En realidad, este modelo equivale matemáticamente a la posibilidad analizada anteriormente de que no haya nada fuera de la membrana, pero la diferencia es psicológica: la gente se siente más satisfecha si está situada en el centro del espacio-tiempo en lugar de hallarse en sus bordes, pero para un positivista las posibilidades 1 y 2 son iguales.

3. La burbuja podría expandirse en un espacio que no fuera la imagen especular de lo que hay en su interior. Esta posibilidad difiere de las dos anteriores y es más parecida al caso del agua hirviendo. En ella, se pueden formar y expandir otras burbujas. Si colisionaran y se unieran con la burbuja en que vivimos, los resultados podrían ser catastróficos. Incluso se ha sugerido que la gran explosión inicial podría haber sido producida por una colisión entre membranas.

Los modelos de universos membrana son un tema candente de investigación. Son altamente especulativos, pero ofrecen nuevos tipos de comportamiento que pueden ser sometidos a pruebas observacionales y podrían explicar por qué la gravedad parece ser tan débil. Podría ser que en la teoría fundamental la gravedad fuera muy fuerte, pero que su diseminación en las dimensiones adicionales nos la hiciera parecer débil a distancias suficientemente grandes en la membrana en que vivimos.

Una consecuencia de ello sería que la longitud de Planck, la distancia más corta a la cual podemos sondear sin producir

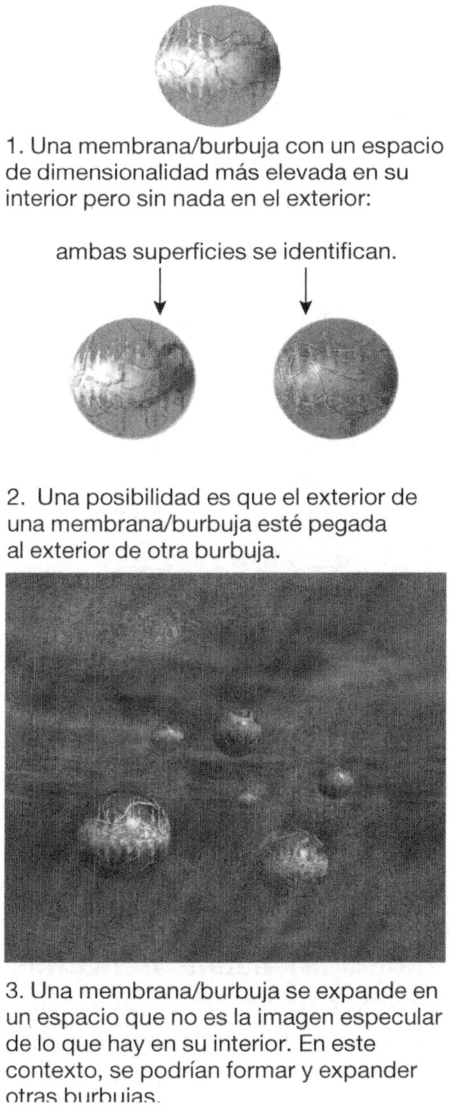

Fig. 7.19

un agujero negro, sería mucho mayor de lo que se sigue de la debilidad de la gravedad en nuestra membrana cuadridimensional. La muñeca rusa más pequeña, la longitud de Planck, podría no ser tan pequeña, después de todo, y podría estar al alcance de los futuros aceleradores de partículas. Incluso ya podríamos haberla descubierto si los EE. UU. no hubieran

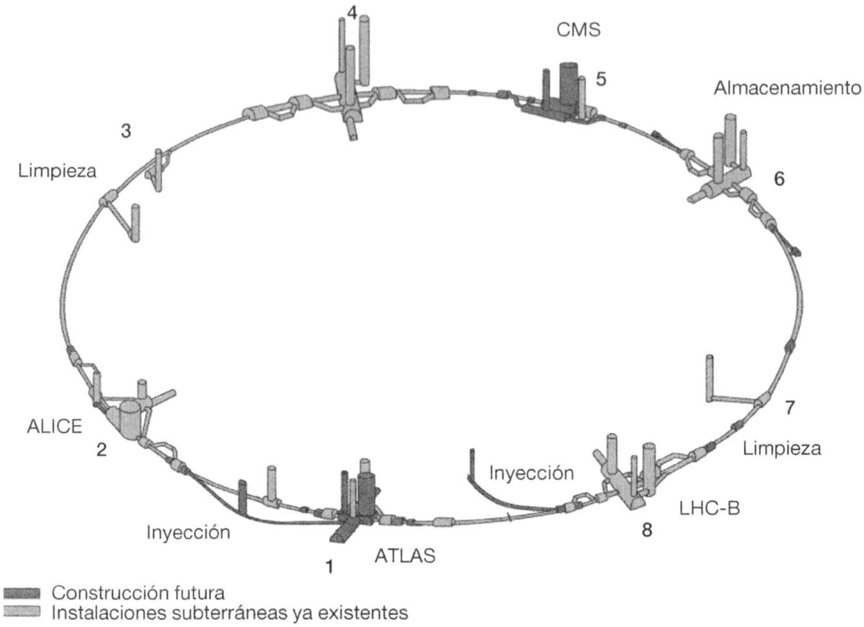

Fig. 7.20. Esquema del túnel del LEP en que se indica la infraestructura existente y la que está en construcción para el LHC (gran colisionador de hadrones, Large Hadron Collider) en Ginebra, Suiza.

tenido un ataque de avaricia en 1994, cuando cancelaron el SSC (supercolisionador superconductor) aunque ya estuviera a medio construir. Otros aceleradores de partículas están siendo construidos actualmente, como el LHC (*Large Hadron Collider*, gran colisionador de hadrones) en Ginebra (Fig. 7.20). Con ellos y otras observaciones, como la radiación del fondo cósmico de microondas, deberíamos poder determinar si vivimos o no en una membrana. Si es así, será presumiblemente porque el principio antrópico selecciona modelos membrana adecuados entre el vasto zoológico de universos permitidos por la teoría M. Podríamos, pues, parafrasear a la Miranda de *La tempestad* de Shakespeare:

¡Felices universos membrana,
que albergáis criaturas como ésta!

Así es el universo en una cáscara de nuez.

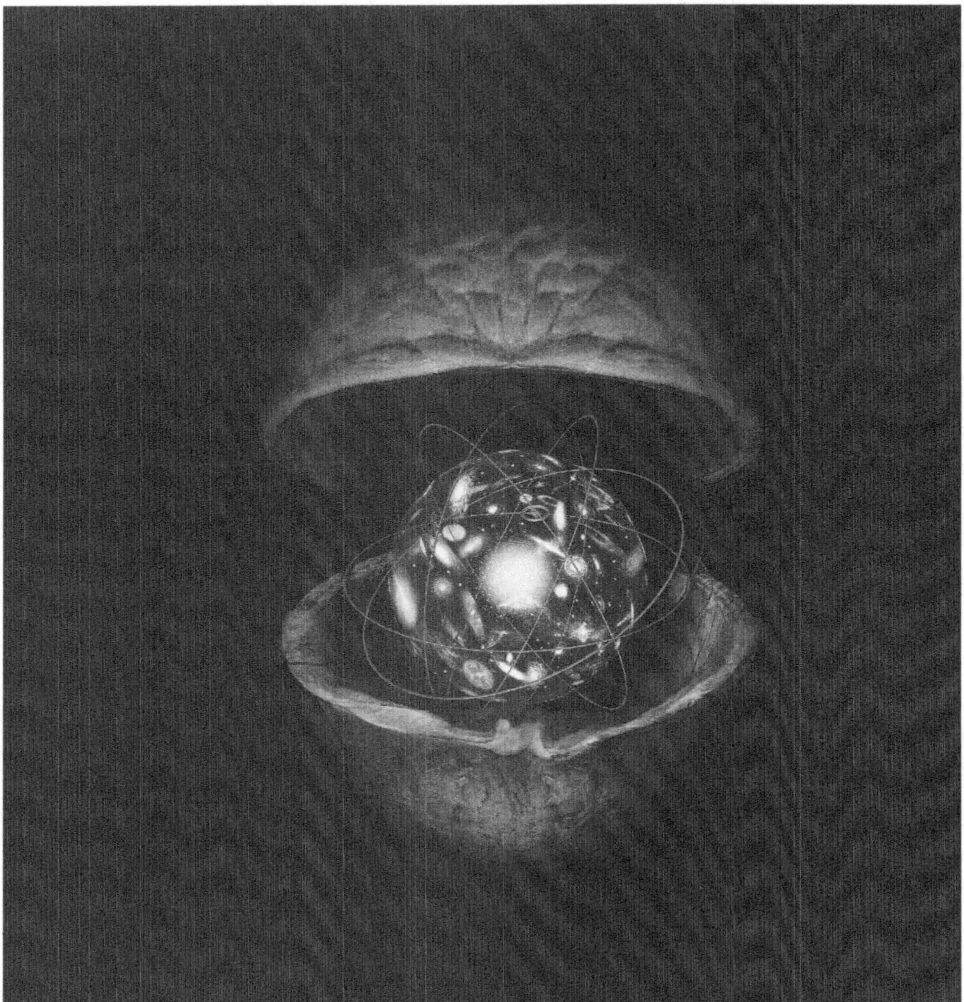

Glosario

Aceleración

Cambio en el módulo o la dirección de la velocidad de un objeto. Véase también velocidad.

Acelerador de partículas

Máquina que puede acelerar partículas cargadas e incrementar su energía.

ADN

Los dos hilos del ADN forman una estructura en doble hélice unidos por pares de bases, de manera que la estructura parece una escalera de caracol. El ADN codifica toda la información que necesitan las células para producir vida.

Agujero de gusano

Tubo fino de espacio-tiempo que conecta regiones distantes del universo. Los agujeros de gusano también pueden conectar universos paralelos o pequeños universos y podrían proporcionar la posibilidad de viajar en el tiempo.

Agujero negro

Región del espacio-tiempo de la cual nada, ni siquiera la luz, puede escapar, debido a la enorme intensidad de su gravedad.

Agujero negro primitivo

Agujero negro creado en el universo primitivo.

Amplitud

Máxima altura de los picos o máxima profundidad de los valles de una onda.

Antipartícula

Cada tipo de partícula de materia tiene su antipartícula correspondiente. Cuando una partícula choca con su antipartícula, se aniquilan ambas y sólo queda energía.

Año-luz
: Distancia recorrida por la luz en un año.

Átomo
: Unidad básica de la materia ordinaria, formada por un núcleo minúsculo (que consta de protones y neutrones) rodeado por electrones que giran a su alrededor.

Big bang (gran explosión primordial)
: Singularidad en el principio del universo, hace unos quince mil millones de años.

Big crunch (gran implosión final)
: Nombre dado a una forma posible del final del universo, en que todo el espacio y toda la materia se colapsan y forman una singularidad.

Bosón
: Partícula, o patrón de vibración de una cuerda, que tiene espín entero.

Brana
: Cada uno de los objetos extensos que aparecen en la teoría de cuerdas. Una 1-brana es una cuerda, una 2-brana una membrana, una 3-brana tiene tres dimensiones extensas, etc. En términos más generales, una p-brana tiene p dimensiones.

Bucle temporal
: Nombre dado a las curvas temporales cerradas.

Campo
: Algo que existe en todos los puntos del espacio y del tiempo, en oposición a una partícula, que sólo existe en un solo punto en un instante dado.

Campo de fuerzas
: Medio por el cual una fuerza comunica su influencia.

Campo gravitatorio
: Medio por el cual la gravedad comunica su influencia.

Campo magnético
: Campo responsable de las fuerzas magnéticas.

Campos de Maxwell
: Formulación matemática de las leyes de Gauss, Faraday y Ampère que relacionan la electricidad, el magnetismo y la luz.

Carga eléctrica
: Propiedad de una partícula por la cual puede repeler (o atraer) otras partículas que tengan una carga del mismo signo (o de signo opuesto).

Cero absoluto

La temperatura más baja posible, en la cual las sustancias no contienen energía térmica, situada a unos –273 grados en la escala centígrada de Celsius o en el 0 de la escala Kelvin.

Condición de ausencia de contornos

Tesis de que el universo es finito pero no tiene contornos en el tiempo imaginario.

Condiciones de contorno

Estado inicial de un sistema físico o, con más generalidad, estado de un sistema en una frontera espacial o temporal.

Condiciones iniciales

Datos que describen el estado en que comienza un sistema físico.

Conjetura de protección de la cronología

Tesis de que las leyes de la física conspiran para impedir que los objetos macroscópicos puedan viajar en el tiempo.

Cono de luz

Superficie en el espacio-tiempo que indica las direcciones posibles de los rayos de luz que pasan por un suceso dado.

Conservación de la energía

Ley de la ciencia que afirma que la energía (o su equivalente en masa) no puede ser creada ni destruida.

Constante cosmológica

Recurso matemático utilizado por Einstein para dar al universo una tendencia innata a expandirse, y permitir así que la relatividad general admitiera un universo estático.

Constante de Planck

Piedra angular del principio de incertidumbre —el producto de la incertidumbre en la posición por la incertidumbre en la velocidad y por la masa tiene que ser mayor que la constante de Planck—. Es representada por el símbolo h.

Contracción de Lorentz

Característica de la relatividad especial según la cual un objeto en movimiento parece acortarse en su dirección de movimiento.

Cosmología

Estudio del universo como un todo.

Cuanto

Unidad indivisible en que las ondas pueden ser absorbidas o emitidas.

Cuerda

Objeto unidimensional fundamental que constituye un ingrediente esencial de la teoría de cuerdas.

Cuerda cerrada
: Tipo de cuerda que tiene forma de bucle.

Cuerda cósmica
: Objeto largo y pesado de sección transversal diminuta que podría haber sido producido durante las etapas primitivas del universo. Actualmente, una cuerda cósmica podría atravesar toda la longitud del universo.

Desplazamiento hacia el azul
: Acortamiento de la longitud de onda de la radiación emitida por un objeto que se acerca a un observador, debido al efecto Doppler.

Desplazamiento hacia el rojo
: Enrojecimiento de la radiación emitida por un objeto que se aleja de un observador, debido al efecto Doppler.

Determinismo científico
: Concepción del universo, sugerida por Laplace, como un mecanismo de relojería en que el conocimiento completo del estado en un momento dado permite la predicción del estado completo en cualquier otro instante anterior o posterior.

Dilatación temporal
: Característica de la relatividad especial que predice que el flujo de tiempo será más lento para un observador en movimiento, o en presencia de un campo gravitatorio intenso.

Dimensión enrollada
: Dimensión espacial que está enrollada, deformada o comprimida en una escala tan pequeña que puede burlar la detección.

Dimensión espacial
: Cualquiera de las tres dimensiones del espacio-tiempo que tienen carácter espacial.

Dualidad
: Correspondencia entre teorías aparentemente diferentes que conducen a los mismos resultados físicos.

Dualidad partícula/onda
: Concepto de la mecánica cuántica según el cual no hay diferencias fundamentales entre partículas y ondas: las partículas pueden comportarse como ondas y viceversa.

Eclipse de Sol
: Se produce cuando la Luna se interpone entre la Tierra y el Sol, y produce un período de oscuridad que acostumbra a durar unos

pocos minutos en la Tierra. En 1919, la observación de un eclipse desde África occidental demostró sin lugar a dudas la relatividad general.

Ecuación de Schrödinger
: Ecuación que rige la evolución de la función de onda en la teoría cuántica.

Efecto Casimir
: Presión atractiva entre dos placas metálicas planas y paralelas muy próximas entre sí en el vacío. La presión es debida a una reducción en el número usual de las partículas virtuales en el espacio comprendido entre las placas.

Efecto Doppler
: Variación de la longitud de onda que se produce cuando un observador se desplaza respecto de una fuente de radiación.

Efecto fotoeléctrico
: Fenómeno en que son expulsados electrones de una superficie metálica cuando ésta es expuesta a la luz.

Electrón
: Partícula con carga negativa que gira alrededor de los núcleos atómicos.

Energía del vacío
: Energía que está presente incluso en el espacio aparentemente vacío. Tiene la curiosa propiedad de que, a diferencia de la masa, su presencia haría que la expansión del universo se acelerase.

Entropía
: Medida del desorden de un sistema físico: número de redistribuciones de las partes del sistema que no implican un cambio de su aspecto global.

Espacio libre
: Región de un espacio vacío completamente libre de campos, es decir, en la cual no actúa ninguna fuerza.

Espacio-tiempo
: Espacio cuadridimensional cuyos puntos son los sucesos.

Espectro
: Frecuencias que componen una onda. La parte visible del espectro solar puede ser observada en el arco iris.

Espín
: Propiedad interna de las partículas elementales relacionada pero no idéntica a la noción cotidiana de rotación.

Estado estacionario
: Estado que no varía con el tiempo.

Estado fundamental
Estado de un sistema que corresponde a la mínima energía.

Éter
Medio inmaterial hipotético que se suponía llenaba todo el espacio. La idea de que este medio es necesario para la propagación de la radiación electromagnética resulta actualmente insostenible.

Fermión
Partícula, o patrón de vibración de una cuerda, que tiene espín semientero; habitualmente es una partícula constituyente de la materia.

Figura de interferencia
Figura ondulatoria resultante de la superposición de ondas emitidas desde puntos diferentes o en instantes diferentes.

Fisión nuclear
Proceso en que un núcleo se rompe en dos o más núcleos menores, liberando energía.

Fotón
Cuanto de luz, el paquete más pequeño del campo electromagnético.

Frecuencia
En una onda, número de ciclos completos por segundo.

Fuerza electromagnética
Fuerza entre partículas con cargas eléctricas del mismo signo (o de signos opuestos).

Fuerza gravitatoria
Es la más débil de las cuatro fuerzas fundamentales de la naturaleza.

Fuerza nuclear débil
Es la segunda más débil de las cuatro fuerzas fundamentales y tiene un alcance muy corto. Afecta a todas las partículas de la materia, pero no a las que transmiten las fuerzas.

Fuerza nuclear fuerte
Es la más intensa de las cuatro interacciones fundamentales de la naturaleza, y la que tiene alcance más corto. Mantiene unidos los quarks para formar protones y neutrones, y estas partículas unidas entre sí para formar los núcleos atómicos.

Función de onda
Onda de probabilidad en que se fundamenta la mecánica cuántica.

Fusión nuclear
Proceso en que dos núcleos chocan y se unen para formar un núcleo mayor y más pesado.

Gravedad cuántica
Teoría que hace confluir la mecánica cuántica y la relatividad general. La teoría de cuerdas es un ejemplo de teoría de gravedad cuántica.

Horizonte de sucesos
Frontera de un agujero negro, límite de la región de la cual no es posible escapar hacia el infinito.

Infinito
Extensión o número sin cotas o sin fin.

Inflación
Breve período de expansión acelerada durante el cual el tamaño del universo muy primitivo aumentó en un factor enorme.

Kelvin
Escala de temperaturas en que éstas son expresadas respecto del cero absoluto.

Ley de Moore
Ley que afirma que la potencia de los nuevos ordenadores se duplica cada dieciocho meses. Claramente, no puede seguir siendo válida indefinidamente.

Leyes de Newton del movimiento
Leyes que describen el movimiento de los cuerpos a partir del concepto de un espacio y un tiempo absolutos. Mantuvieron su validez hasta el descubrimiento de Einstein de la relatividad especial.

Longitud de onda
Distancia entre dos crestas o dos valles consecutivos de una onda.

Longitud de Planck
Vale unos 10-35 centímetros. Es el tamaño de una cuerda típica de la teoría de cuerdas.

Macroscópico
Se refiere a los tamaños que encontramos típicamente en el mundo cotidiano, o a los todavía mayores, es decir, los que son superiores a 0,01 mm; los tamaños inferiores a éste son llamados «microscópicos».

Masa
Cantidad de materia en un cuerpo; su inercia o resistencia a la aceleración en el estado libre.

Materia oscura

Materia en las galaxias, los cúmulos de galaxias y posiblemente también entre cúmulos de galaxias que no puede ser observada directamente pero que puede ser detectada por su campo gravitatorio. El 90 por 100 de la materia del universo es materia oscura.

Mecánica cuántica

Teoría desarrollada a partir del principio cuántico de Planck y del principio de incertidumbre de Heisenberg.

Modelo de Randall-Sundrum

Teoría según la cual vivimos en una membrana tridimensional en un espacio infinito de cinco dimensiones, con una geometría como una silla de montar.

Modelo estándar de la cosmología

Teoría de la gran explosión inicial (*big bang*) conjuntamente con el modelo estándar de la física de partículas.

Modelo estándar de la física de partículas

Teoría que unifica las tres fuerzas no gravitatorias y sus efectos sobre la materia.

Neutrino

Especie de partícula sin carga sometida sólo a la fuerza nuclear débil.

Neutrón

Partícula sin carga, muy parecida al protón, que constituye casi la mitad de las partículas que forman los núcleos atómicos. Está compuesto por tres quarks (dos *abajo* y uno *arriba*).

Núcleo

Parte central de un átomo constituida por protones y neutrones mantenidos unidos por la fuerza nuclear fuerte.

Número imaginario

Construcción matemática abstracta. Los números reales y los imaginarios pueden ser interpretados como las posiciones de puntos en un plano, de manera que, en cierto sentido, los números imaginarios son perpendiculares a los números reales ordinarios.

Números de Grassman

Una clase de números que no conmutan. Para ellos, si $a \times b = c$, entonces $b \times a = -c$.

Observador

Persona o instrumento que mide propiedades físicas de un sistema.

Onda electromagnética

Perturbación ondulatoria de un campo eléctrico. Todas las ondas del espectro electromagnético, como por ejemplo la luz visible, los rayos X, las microondas, los infrarrojos..., se propagan con la velocidad de la luz.

Onda gravitatoria

Perturbación ondulatoria de un campo gravitatorio.

Partícula elemental

Partícula que se supone no puede ser subdividida.

Partícula virtual

En mecánica cuántica, partícula que nunca puede ser detectada directamente, pero cuya existencia tiene efectos mensurables. Véase también efecto Casimir.

P-brana

Brana de p dimensiones. Véase también brana.

Peso

Fuerza ejercida sobre un cuerpo por un campo gravitatorio. Es proporcional, pero no idéntico, a su masa.

Positivismo

Doctrina filosófica según la cual las teorías científicas son modelos matemáticos que describen y codifican las observaciones que llevamos a cabo.

Positrón

Antipartícula del electrón, de carga positiva.

Principio antrópico

Idea según la cual vemos el universo como lo vemos porque, si fuera diferente, no estaríamos aquí para observarlo.

Principio cuántico de Planck

Idea según la cual las ondas electromagnéticas (por ejemplo la luz) sólo pueden ser absorbidas o emitidas en cuantos discretos.

Principio de exclusión

Idea según la cual dos partículas idénticas de espín semientero no pueden tener (dentro de los límites del principio de incertidumbre) la misma posición y velocidad.

Principio de incertidumbre (o de indeterminación)

Principio formulado por Heisenberg según el cual no podemos conocer con exactitud y simultáneamente la posición y la velocidad de una partícula. Cuanto mayor es la precisión con que conocemos una, menor es la precisión con que podemos conocer la otra.

Protón

Partícula de carga positiva, muy parecida al neutrón, que constituye aproximadamente la mitad de la masa de los núcleos atómicos. Está formada por tres quarks (dos *arriba* y uno *abajo*).

Quark

Partícula elemental cargada sensible a la fuerza nuclear fuerte. Hay seis tipos de quarks (*arriba*, *abajo*, *encanto*, *extraño*, *cima, fondo*) y pueden tener tres «colores» (rojo, verde, azul).

Radiación

Energía transportada por ondas o partículas.

Radiación del fondo de microondas

Radiación correspondiente al resplandor del universo primitivo caliente; actualmente está tan desplazada al rojo que no se presenta como luz sino como microondas (con una longitud de onda de unos pocos centímetros).

Radiactividad

Ruptura espontánea de un núcleo de un tipo para formar un núcleo de otro tipo.

Relatividad especial

Teoría de Einstein basada en la idea de que las leyes de la ciencia deben ser las mismas para todos los observadores, independientemente de su movimiento, en ausencia de campos gravitatorios.

Relatividad general

Teoría de Einstein basada en la idea de que las leyes de la ciencia deben ser las mismas para todos los espectadores, sea cual sea su movimiento. Explica la fuerza de la gravedad en términos de la curvatura de un espacio-tiempo cuadridimensional.

Segunda ley de la termodinámica

Ley que afirma que la entropía siempre aumenta.

Segundo-luz

Distancia recorrida por la luz en un segundo.

Singularidad

Punto del espacio-tiempo cuya curvatura espacio-temporal se hace infinita.

Singularidad desnuda

Singularidad del espacio-tiempo que, a diferencia de los agujeros negros, no está rodeada por ningún horizonte de sucesos y resulta visible a observadores distantes.

Suceso

Punto del espacio-tiempo especificado por su posición y su tiempo.

Supergravedad

Conjunto de teorías que unifican la relatividad general y la supersimetría.

Supersimetría

Principio que relaciona las propiedades de las partículas con espín.

Taquión

Partícula el cuadrado de cuya masa tiene valor negativo.

Teorema de singularidad

Teorema que demuestra que en algunas circunstancias debe haber una singularidad, como por ejemplo en el comienzo del universo.

Teoría clásica

Teoría basada en conceptos anteriores a la relatividad y la mecánica cuántica. Supone que los objetos tienen posiciones y velocidades bien definidas. Según el principio de incertidumbre de Heisenberg, esto no es verdad a pequeñas escalas.

Teoría de cuerdas

Teoría de la física en que las partículas son descritas como ondas en una cuerda. Une la mecánica cuántica y la relatividad general. También es conocida como teoría de supercuerdas.

Teoría de gran unificación

Clase de teorías que unifican las fuerzas electromagnéticas fuertes y débiles en un mismo marco teórico.

Teoría de la gravitación universal de Newton

Teoría que establece que la fuerza de atracción entre dos cuerpos es proporcional al producto de sus masas e inversamente proporcional al cuadrado de la distancia que los separa. Fue superada por la relatividad general.

Teoría de Yang-Mills

Extensión de la teoría de campos de Maxwell que describe las interacciones de las fuerzas débiles y fuertes.

Teoría holográfica

Idea según la cual los estados cuánticos de un sistema en una región del espacio-tiempo pueden ser codificados en la frontera de dicha región.

Teoría M

Teoría que une las diversas teorías de supercuerdas en un solo marco. Parece tener once dimensiones espacio-temporales, pero todavía nos falta por comprender muchas de sus propiedades.

Teoría unificada

Cualquier teoría que describa las cuatro fuerzas y toda la materia en un solo marco.

Termodinámica

Leyes desarrolladas en el siglo XIX para describir el calor, el trabajo, la energía y la entropía, así como su evolución en los sistemas físicos.

Tiempo absoluto

Idea según la cual podría haber un reloj universal. La teoría de Einstein de la relatividad demostró que no puede haber un tiempo absoluto.

Tiempo de Planck

Vale unos 10-43 segundos; es el tiempo que la luz invierte en recorrer una longitud de Planck.

Tiempo imaginario

Tiempo expresado en números imaginarios.

Universo membrana

Superficie o membrana cuadridimensional en un espacio-tiempo de dimensionalidad más elevada.

Velocidad

Vector que describe la celeridad y la dirección del movimiento de un objeto.

Sugerencias de lecturas adicionales

Hay muchos libros de divulgación, que van desde los muy buenos, como *El universo elegante*, hasta los indiferentes (que no identificaré). He limitado mi lista a los autores que han efectuado aportaciones significativas al campo y nos han transmitido una experiencia auténtica. Pido excusas a los autores que no he citado por desconocimiento.

Einstein, Albert, *The Meaning of Relativity*, Princeton, Princeton University Press, 1988. (Traducción al castellano: *El significado de la relatividad*, Espasa Calpe, Madrid, 1971.)

Feynman, Richard, *The Character of Physical Law*, Cambridge, Mass., MIT Press, 1995. (Traducción al castellano: *El carácter de la ley física*, col. Muy Interesante, Orbis, Barcelona, 1986.)

Greene, Brian, *The Elegant Universe*, Londres, Jonathan Cape, 1999. (Traducción al castellano: *El universo elegante*, Crítica-Planeta, Barcelona, 2001.)

Guth, Alan, *The Inflationary Universe*, Reading, Mass., Addison-Wesley, 1997.

Rees, Martin, *Our Cosmic Habitat*, Princeton, Princeton University Press, otoño de 2001.

—, *Just Six Numbers*, Nueva York, Basic Books, 1999.

Thorne, Kip, *Black Holes and Time Warps*, Nueva York, Norton, 1994. (Traducción al castellano: *Agujeros negros y tiempo curvo*, Crítica, Barcelona, 1995.)

Weinberg, Steven, *The first three minutes*, Nueva York, Basic Books, 1993. (Traducción al castellano: *Los tres primeros minutos del universo*, Alianza editorial, Madrid, 1978.)

Créditos de las fotografías

Páginas 13, 31: por cortesía de los archivos, California Institute of Technology. Albert Einstein™, con licencia de la Hebrew University of Jerusalem, representado por la Roger Richman Agency inc., www.albert-einstein.net; **página 16**: AKG Photo, Londres; Albert Einstein™, con licencia de la Hebrew University of Jerusalem, representado por la Roger Richman Agency Inc., www.albert-einstein.net; **página 25**: por cortesía de Los Alamos National Laboratory; **página 35**: por cortesía de Science Photo Library; **página 38**: Albert Einstein™, con licencia de la Hebrew University of Jerusalem, representado por la Roger Richman Agency Inc., www.albert-einstein.net; **página 38**: fotografía de Harry Burnett, por cortesía de los archivos, California Institute of Technology. Albert Einstein™, con licencia de la Hebrew University of Jerusalem, representado por la Roger Richman Agency Inc., www.albert-einstein.net; **página 69**: por cortesía de Neel Shearer; **página 80**: por cortesía de Space Telescope Science Institute (STScI)/NASA; **página 81**: *Prometeo encadenado con un águila que le devora el hígado*, pintura en negro en un vaso etrusco, Museos y Galerías del Vaticano, Ciudad del Vaticano, Italia/Bridgeman Art Library; **página 82**: Galaxia espiral NGC 4414, fotografía por cortesía de Hubble Heritage Team, STScI/NASA; Galaxia espiral con barras NGC 4314, fotografía por cortesía de University of Texas *et al.*, STScI/NASA; Galaxia elíptica NGC 147, fotografía por cortesía de STScI/NASA; Milky Way, fotografía por cortesía de S. J. Maddox, G. Efstathiou, W. Sutherland, J. Loveday, Department of Astrophysics, Oxford University; **página 88**: por cortesía de Jason Ware, galaxyphoto.com; **página 89**: por cortesía de The Observatories of the Carnegie Institution of Washington; **página 96**: fotografía de Floyd Clark/ por cortesía de los archivos, California Institute of Technology; **página 119**: por cortesía de Neel Shearer; **página 126**: por cortesía de NASA/Chandra X-Ray Center/ Smithsonian Astrophysical Observatory/H. Marshall *et al.*; **página 127**: por cortesía de STScI/NASA; **página 131**: por cortesía de STS-cI/NASA; **páginas 149, 172**: *copyright* California Institute of Technology; **página 165**: por cortesía de Neel Shearer; **página 181**: de *The Blind Watchmaker* de Richard Dawkins, Nueva York: W. W. Norton & Company, 1986; **página 188**: Hubble Deep Field, por cortesía de R. Williams, STScI/NASA; **página 189**: «INDEPENDENCE DAY» ©1996 Twentieth Century Fox Film Corporation. Reservados todos los derechos.; E.T. still: *copyright* © 2001 by Universal Studios Publishing Rights, a Division of Universal Studios Licensing, Inc. Reservados todos los derechos.; **página 215**: por cortesía de Neel Shearer.

Todas las ilustraciones que no figuran en estos créditos han sido realizadas para esta obra por Malcolm Godwin de Moonrunner Design, Ltd, Reino Unido

Índice onomástico

C

D

E

Esta obra, publicada por
CRÍTICA, se acabó de imprimir
en julio de 2025